新型农民现代农业技术与技能培训丛书

果树植保员培训教材

（北方本）

编著者
陈汉杰　高国锋
张金勇　冯社芳　姚润芬

金盾出版社

内 容 提 要

本书是“新型农民现代农业技术与技能培训丛书”的一个分册，由郑州果树研究所的相关专家编著。内容包括：果树植保员的岗位职责与素质要求，果树病虫害防治的基础知识，仁果类果树病虫害及防治，核果类果树病虫害及防治，浆果类果树病虫害及防治，干果类果树病虫害及防治。本教材适用于县（市）、乡（镇）和农业企业相关工种的岗位培训，亦可供广大青年农民及农林院校相关专业师生阅读参考。

图书在版编目(CIP)数据

果树植保员培训教材（北方本）/陈汉杰等编著．—北京：金盾出版社，2008．3
（新型农民现代农业技术与技能培训丛书）
ISBN 978-7-5082-4955-1

Ⅰ．果… Ⅱ．陈… Ⅲ．果树-植物保护-技术培训-教材 Ⅳ．S66

中国版本图书馆 CIP 数据核字(2008)第 001967 号

金盾出版社出版、总发行
北京太平路 5 号(地铁万寿路站往南)
邮政编码：100036 电话：68214039 83219215
传真：68276683 网址：www.jdcbs.cn
封面印刷：北京精美彩印有限公司
正文印刷：京南印刷厂
装订：桃园装订厂
各地新华书店经销
开本：850×1168 1/32 印张：5.5 字数：125 千字
2009 年 1 月第 1 版第 2 次印刷
印数：10001—18000 册 定价：9.00 元

新型农民现代农业技术与技能培训丛书

序　言

中共中央国务院[2007] 1 号文件明确指出，加强“三农”工作，积极发展现代农业，扎实推进社会主义新农村建设，是全面落实科学发展观、构建社会主义和谐社会的必然要求，是加快社会主义现代化建设的重大任务。

我国农业人口众多，发展现代农业、建设社会主义新农村，是一项伟大而艰巨的综合工程，不仅需要深化农村综合改革、加快建立投入保障机制、加强农业基础建设、加大科技支撑力度、健全现代农业产业体系和农村市场体系，而且必须注重培养新型农民，造就建设现代农业的人才队伍。

胡锦涛总书记在党的十七大报告中进一步指出，要培育有文化、懂技术、会经营的新型农民，发挥亿万农民建设新农村的主体作用。

新型农民是一支数以亿计的现代农业劳动大军，这支队伍的建立和壮大，只靠学校培养是远远不够的，主要应通过对广大青壮年农民进行现代农业技术与技能的培训来实现。金盾出版社在对农业岗位培训进行广泛调研的基础上，与中国农业大学老科技工作者协会、华中农业大学老教授协会等单位共同策划，约请数百名农业专家、学者参加，组织编写了“新型农民现代农业技术与技能培训丛书”（以下简称“丛书”）。“丛书”坚持从现阶段我国青壮年农民的文化技术水平出发，突出现代农业技术与技能的传授，注重其先进性和实用性；“丛书”以教材形式编写，共有 88 个分册，涉及 81 个农业岗位，除水稻农艺工、蔬菜园艺工、蔬菜植保员、果树植保员分南方本和北方本外，其他均为一个岗位一本培训教材，以方便县（市）、乡（镇）、村组织新型农民培训和农业企业进行岗位培训时选用。“丛书”的组编和出版，还得到了河北农业大学、沈阳农业大学、西北农林科技大学、甘肃农业大学、北京农学院、山东畜牧兽医职业技术学院、大连民族学院、中国农业科学院茶叶研究所、中国农业科学院油料研究所、中国农业科学院郑州果树研究所、中国农业科学院特产研究所、中国农业科学院桑蚕研究所、中国养蜂学会、内蒙古自治区农牧科学院、甘肃省蔬菜研究所、山东省果树研究所、广西壮族自治区柑桔研究所、山西省畜牧兽医研究所等单位部分专家、教授的支持和参与，并列入劳动和社会保障部《全国职业培训与技能鉴定用书目录》，进行推荐，使我们深感欣慰，在此表示衷心感谢。我们希望和相信，通过“丛书”的出版发行，能为新型农民队伍的发展壮大贡献一份力量，也能为现代农业技术与技能培训积累一些可供借鉴的经验。

“丛书”编写时间有限，各分册存在不足或错漏在所难免，恳请同仁和各使用单位批评指正。

编 委 会

2008 年 1 月

前　言

我国果树种类繁多，栽培历史悠久，栽培面积和总产量均居世界第一位。但是单位面积产量、优质果率和出口率均低于许多国家。除了栽培管理技术和品种的因素外，主要是病虫危害。据估算，我国果树病、虫造成的损失达 20%～25%。在果树病虫害防治上，过去一般依赖药剂防治，由于长期大量使用农药，造成病虫害产生抗药性、自然天敌灭绝、一些次要害虫上升猖獗、农药残留污染超标的被动局面。在当前食品安全受到高度重视的形势下，作为直接鲜食的水果安全性更受到了关注，从果园到餐桌各环节中，果园生产成为保证安全的源头，如何减少化学品在果园的污染，同时又能保证果园丰产丰收，已成为果树植保员义不容辞的责任。

病虫害防治是人类与病虫害作斗争中发展起来的科学，是研究病虫害的形态、特征、发生发展规律与防治方法的理论和实践的专门科学。从 2002 年起我国果园全面禁止使用任何高毒农药，2007 年 1 月 1 日起，全面停止生产销售甲胺磷、对硫磷、甲基对硫磷、久效磷、磷胺等 5 种高毒农药，这些规定实施以后对减少环境污染，减低农药对人、畜的危害起到了积极的作用，在果树病虫害防治过程中，由于常用的农药被大量禁用，需要开发推广一些新的高效低毒农药、及时推广新的防治技术，不能过分依赖农药防治，应该考虑整个农业生态系统，采用可持续治理的策略控制果园病虫害。通过全国植保工作者的不断努力，果树病虫害的防治技术在不断提高，病虫害新的防治技术不断出现。作为果树植保员首先要贯彻综合治理的植保方针，研究和引进新技术，同时大力开展科普工作，使广大果农能够掌握新的知识和技术。

根据近年来果树病虫害防治研究的新进展，结合笔者多年来的工作实践，本书在编写过程中吸取了科研方面取得的新进展，以及在生产防治中取得的新经验，注重内容的科学性和实用性，对比较重要的病虫种类的发生规律、防治方法进行了叙述。读者可根据当地果园病虫害发生的实际情况，灵活掌握和应用相关内容。

编著者

2008年1月

目　录

第一章　果树植保员的岗位职责与素质要求

在果树生产过程中，病虫害防治是管理过程中的重中之重。一般来讲，果树病虫害常年造成的损失在20％～25％，有时可能因为某种病虫害防治不当而造成绝收，因此必须重视病虫害的防治工作。在种植果树过程中，由于受病虫害或者是外界环境条件影响，果树的生长发育会受到各种各样的损害，有些是受微生物的侵染而受害，有些是受各种害虫的取食而受害，有些也可能是受不利的非生物因素的影响而受害。在这些损害中，有些受害原因很明显，易于识别，而有些受害原因难以判定，只有辨别受害的原因，才能对症下药，保证果树的正常生长发育。

农作物植保员是从事预防和控制有害生物对农作物及其产品的危害、保护安全生产的人员。具体地说，作为果树植保员，应为所在果树种植的乡、村或果品生产的场、基地开展或组织实施果树病、虫、草、鼠发生危害程度的调查及对其适时开展有效防治，最大限度地减少果品产量和品质损失。作为一名果树植保员，首先要明确自己的职责，明确自己的工作目标，并根据工作需要掌握相应的科技知识，才能够胜任植保员的工作。有了工作目标，具备了承担任务的能力，加上具有饱满的工作热情，才能成为一名名副其实的果树植保员。

一、果树植保员的岗位职责

第一，了解果树生产管理和病、虫、草、鼠发生状况，或从当地植保部门获取常发病虫的发生趋势预报，尽早上报防治技术方案、计划或向农户发布。

第二,观察周边农田作业情况、关注果树生长和气候变化、定期或不定期深入田间调查,及时掌握病虫害发生状况。

第三,依据果树不同生长期病虫害发生状况或当地植保部门发布的病虫测报信息,组织实施或指导农户及时开展病、虫、草、鼠害防治等。

第四,负责对购进和使用农药的名称、有效成分、残留期进行确认,不得使用禁用农药;做好农药使用中的安全防护措施,避免中毒事故发生和造成果品农药残留超标。

第五,负责对种植栽培人员进行果树种植技术及病虫害防治知识培训。

第六,负责对果树病虫害的防治所需农药、药械的使用与管理、贮存、维修,并建立管理档案。

第七,对当地突发或重大果树疫情负责向主管部门报告和向当地农户发布,以便迅速采取控制措施。

二、果树植保员的素质要求

(一)思想素质

第一,拥护党的路线、方针、政策,遵纪守法,诚实公正,积极投身于社会主义新农村建设。

第二,热心并愿意从事农业技术推广与服务工作,有一定的植保技术基础知识。

第三,品行端正、诚实、勤奋敬业、责任心强。

第四,身心健康,能承受一定的工作压力,心态乐观、充满激情。

第五,了解农村植保技术现状,有农村工作经验,在果农中有威信、有号召力。

(二)职业技能素质

农作物植保员是农作物生产管理中极为重要的职业,2006年11月国家颁布了农作物植保员职业标准,就其初级、中级、高级3个级别的相应职业功能、工作内容、技能要求及其所需的相关知识做了明确阐述,也符合果树植保员的职业技能要求。作为果品生产的乡村或基地的果树植保员应具备初级农作物植保员的技能水平。但果树为多年生植物且生产周期长,病、虫、草、鼠的发生种类及危害程度有别于小麦、玉米等农作物,常随果园的生态环境、产量结构、管理技术、施药器械的变化而变化。因此,果树植保员还应具备以下职业技能。

第一,具有中专以上学历的对口专业毕业生或取得"农作物植保员"资格者,熟悉当地果树常发病、虫、草、鼠害及其天敌的发生状况,并具备其发生种类的识别知识和独立进行其发生情况的调查。

第二,了解综合治理的原理,熟悉并掌握综合治理的技术措施,并可根据果树的不同生育期实施相应的农业、物理、化学、生物等防治方法。

第三,能对病虫的发生动态做出初步判断,制订生物和化学的防治技术方案,在果树的不同生育期实施预防措施,必要时可组织实施大面积的化学防治。

第四,熟悉常用农药的种类、有效成分及剂型和使用方法;能正确配制和混用不同种类和剂型的农药;熟练掌握杀虫剂、杀菌剂与除草剂、激素的使用技术和方法。

第五,果树施药有特殊的器械,要熟悉掌握踏板喷雾器和机动喷雾器的使用、维护、清洗和保管常识,熟练掌握喷雾方法。

第六,能够正确执行国家有关果品质量、食品安全、农药安全使用的政策、法律及法规，掌握绿色食品认证和质量控制体系标准及有关规定。

第七，能使用计算机查询病虫发生、防治信息等有关技术资料。

(三)职业道德及相关法规

1. 果树植保员职业守则 敬业爱岗，忠于职守，立志为发展农村经济服务；认真负责，实事求是，推广农业新技术，为农民服务；勤奋好学，精益求精，关注国内外农业新技术的发展；热情服务，遵纪守法，切实维护农民的经济利益；规范操作，注意农产品质量安全，避免人、畜中毒事故。

2. 相关法律法规 果树植保员在实际工作中，不仅要掌握本专业技术规程、规范、标准、方法，还要了解有关的国家政策、法律、法规，并能在实际工作中正确运用。其主要相关法律法规有《中华人民共和国农业法》、《中华人民共和国农业技术推广法》、《中华人民共和国种子法》、《中华人民共和国农药管理条例》、《植物检疫条例》、《中华人民共和国农产品质量安全法》、《农药限制使用管理规定》、《无公害农产品管理办法》及各省、自治区、直辖市颁布的相应法规。

第二章　果树病虫害防治的基础知识

一、果树受害情况识别

(一)病原性病害识别

病原性病害是指受病原微生物侵染产生的病害，植物病原微生物包括真菌、病毒、类病毒、细菌、植原体、寄生性种子植物和线虫。病原性病害最大的特点是具有传染性，其中真菌主要可通过风雨传播；病毒、类病毒主要通过传毒昆虫、嫁接传播；细菌主要通过风雨传播；寄生性种子植物主要通过鸟类、土壤传播；线虫主要通过苗木、土壤浇水传播。植物受病原侵害后，首先是内部生理上发生变化，随后发生外部形态上的变化，即表现出一定的症状。在田间，根据病害的症状可以诊断出有些受害的原因。

一般受真菌感染，植物表面先出现点状变色，表现为褪绿、发黄、发红或颜色变暗，严重时出现坏死和腐烂；在叶片上出现圆斑、角斑、轮斑或不规则斑，枝干上出现腐烂、干枯等；果实上出现圆斑、果腐等，并且到后期在病部常出现霉状物、粉状物、点状物等症状。例如，苹果的炭疽病在果实表面形成圆形病斑，当病斑扩展到直径约1厘米时，在病斑中心形成轮状橘红色小点；而轮纹病一般当年不形成这样的症状。

受病毒、类病毒侵染后，主要表现症状如花叶、黄化、小果、小叶、皱叶、丛枝等。如果是嫁接带毒，则一开始就全株发病。如果是栽植后感染的，开始可能先在一个小枝上发病，但最终会全株发病，如苹果花叶病、苹果衰退病。

植株受细菌感染以后,形成的症状主要有组织坏死、萎蔫、畸形,在病部出现脓状物。如桃细菌性穿孔病、根癌病等。

植物受线虫侵染以后,在受害部位易形成肿瘤,地上部分形成顶芽、花芽坏死,植株生长矮小、树势衰弱等。寄生性种子植物易于识别,如菟丝子、列当等,是长在林果树上或根上的植物。

由于林果发生的病虫害是多种多样的,有时从症状上难以辨别病原种类,需要通过实验室解剖检验、培养分离等方法诊断。有时侵染性病害和非侵染性病害相互关联,如营养失调导致树体抵抗力差,容易感染一些病害,营养失调表现出的症状和致病菌导致的症状同时存在,需要细致研究才能找到病因。

(二)虫害识别

虫害相对易于识别,但有些虫害也容易和其他受害现象相混淆,并且不同的虫害种类之间也有很大差别,不同的种类对不同的药剂敏感性差异很大,因此防治措施迥然不同。一般把虫害分为害虫危害和蜱螨类危害。昆虫和螨最大的区别为昆虫成虫有 3 对足,2 对翅,体分头、胸、腹 3 节;而螨类为 4 对足,蜱类为 2 对足,体仅分头、胸节和腹节。昆虫又分为多种类型,其中发生最普遍的为鳞翅目昆虫,即蛾蝶类,如各种毛虫、卷叶蛾、食心虫、蝴蝶等。

鳞翅目害虫多以幼虫为害,幼虫有多对足,咀嚼式口器,而成虫为虹吸式口器。只有少数成虫危害植物,如吸果夜蛾。咀嚼式口器的害虫有鞘翅目的金龟子、天牛、象甲、小蠹虫等,还有直翅目的蝗虫、蝼蛄、蟋蟀等。这些害虫造成植物器官组织残缺不全,用药防治时多以触杀剂和胃毒剂为主。

另外一大类害虫以吸食植物组织汁液造成危害。如同翅目的蚜虫、叶蝉、木虱和各种介壳虫等,半翅目的各种椿象,均以刺吸式口器刺入植物组织,然后大量吸食汁液,而缨翅目的蓟马以锉吸式口器把植物组织锉伤,吸取植物汁液,最终都造成植物器官失绿、畸形，甚至枯死。对于吸取汁液害虫种类的防治药剂多以内吸剂和触杀剂为主。蜱螨类为刺吸式口器，螨类危害常造成植物器官失绿发黄，甚至脱落，而瘿螨类可造成植物器官畸形。

(三)营养失衡识别

植物在生长过程中需要各种营养，包括各种营养元素、水分和光照。各种营养的缺乏或过剩，都会使植物表现出病态，有时产生的症状和病原性病害难以区分。

当植株缺铁时，造成新梢黄化，这是因为铁在植物体内移动性差，当土壤缺铁或者浇水过多时易出现症状，和病毒花叶病的差别在于缺铁时整个叶片发黄，而病毒花叶病在成熟叶上呈片状黄化。

缺锌时，植株形成小叶病，新梢叶小丛生，节间短，有时和根腐病、病毒衰退病造成的症状难以区分，一般情况下，缺锌是整株、连片均表现类似症状，而根腐病和病毒衰退病在有些情况下仅表现在个别植株，甚至一株树的个别枝条，根腐病可挖出病枝相对应的地下以根系发现病因。

土壤缺氮能使叶片变浅绿色，叶柄和叶脉变红，严重缺氮时，整个新梢短而细，花芽较正常株减少，叶片小，叶肉出现红色斑点。

树体缺锰时，叶脉间叶肉组织褪绿变黄，主脉及邻近组织绿色。

果树缺硼出现坐果率低，叶片变小而厚，叶脉变黄，严重时小枝顶端枯死。果树缺钙表现为抗病性差，果实出现苦痘病，在套袋栽培条件下，果实容易发生裂纹，苦痘病加重。

缺钾时叶片向上卷曲，夏天以后叶色变浅绿色，严重时主脉附近皱缩，叶缘出现坏死斑。缺钾时树体抗病力也差。

林果缺磷，花芽分化不好，叶片呈深绿色，叶背的叶脉呈红褐色或紫色。

水分不足，易引起叶片凋萎，花芽分化减少，早期落叶、落果。

而久旱后大雨,又立刻晴天,也会使林果突然大量落叶落果。主要是因为降雨使土壤温度下降,氧气减少,雨后晴天蒸腾作用强烈,而根系活动减弱,吸收水分、养分能力不强,树上养分跟不上而发生器官脱落。如果长期积水也可导致根系窒息死亡,发生腐烂。

光照对林果生长也至关重要,树体过密导致光饥饿,使树冠内膛叶片脱落,花芽分化不好。在温室中光照更为重要,光照不足,可能会导致果实大量脱落。光照过强,显而易见,可引起日烧;在树体西南方向暴露在外面的果实最易发生日烧。开始果面出现水浸状烫伤症状,然后变褐腐烂,容易再感染炭疽病、轮纹病或褐腐病等。

(四)冻害识别

极端温度也可造成林果的严重损害。春季开花期间,杏、桃、梨、苹果均易受晚霜危害,严重时幼芽受冻变黑,花器呈水浸状,花瓣变色脱落,坐果率显著降低。如果正值授粉期,虽然没有出现明显的霜冻,但持续低温会影响花粉管延伸而影响果实胚受精,降低坐果率。在展叶期出现低温大风,会造成叶缘干枯,叶肉点状坏死,展叶后出现穿孔。

冻害常发生在丘陵山区,当冬季昼夜温差大时,面向西南的树干最易发生冻害。这是由于下午太阳直射树干时吸热温度升高,树干组织膨胀,到夜晚骤然降温时,树干外皮收缩快,而内部收缩慢,树皮组织受到损伤。而树干微小的损伤,给枝干腐烂病侵入造成了条件。因此在高海拔、温差大的山区,容易见到成片树干西南方受腐烂病危害的果园。

(五)药害识别

在管理林果过程中,人为因素也常造成对树体的损害,最常见的是药害和肥害。在防治病虫害过程中,使用浓度过大或使用不当均会造成药害。例如，过去防治蚜虫常出现使用氧乐果、或甲胺磷浓度过大，造成大量落果；使用坐果灵浓度过高，造成落花，叶片畸形。还有不少果树对某些药剂敏感，如核果类对波尔多液敏感，十字花科植物对辛硫磷敏感。而有些果树在某一个生理发育期对某些农药敏感，如桃、杏、苹果某些品种在坐果期对敌敌畏、敌百虫、水胺硫磷等药剂敏感。因此，不恰当用药会引起大量落果。石硫合剂和波尔多液不宜交替喷洒，如果连续喷洒，间隔期应在半个月以上。有时因为在高温天气时喷药也会产生药害，而当长期干旱高温时更易加重药害。

产生药害一般在喷药1～3天后表现明显症状，一般先出现水烫状损伤，然后局部颜色变褐，进而坏死。在叶片上药害症状多先出现在叶尖、叶缘部位，表现为叶尖、叶缘枯死，严重时也会出现整个枝条枯死。如果由于喷药时搅拌不均匀，喷到最后桶底时，会造成局部枝条干枯；如果在喷洒硫酸亚铁、尿素等颗粒状农药时搅拌不匀，叶片上会出现点状斑点。在果实上药害除了造成落果外，有时可见到果实萼凹周围出现块状干枯，轻一点的在果面出现果锈。在施肥时，如果肥料分布不均匀，用量过大，均可引起烧根，地上部分表现为新梢萎蔫，严重时也会造成整株死亡。

二、果树病虫害的田间调查和综合治理

做好病虫害田间调查，是进行有效治理的基础。只有通过田间系统调查掌握病虫害的发生状态，通过资料汇总分析，做出病虫害发生发展现状、发展趋势的评估，才能制订科学的防治决策。

(一)田间调查的目的

田间调查的目的是通过田间实地调查，掌握果园病虫害的发生种类、发生数量、发育阶段、果园害虫天敌的发生情况，以及果树

的生长状态,为科学决策防治措施提供依据。

(二)田间调查的方法

根据调查目的,结合果树病虫害发生种类、发生时期、危害部位,采用不同的调查方法,以通过有代表性的少量调查,客观地反映田间病虫害的发生状况。在获得调查结果后还要进行科学的统计分析,得出客观实际的结论。常见的田间调查方法如下。

1. 普查 主要是进行种类调查。在当地病虫害缺乏系统的资料记录,或不了解当地果园病虫害发生种类时,需要进行普查。根据果树物候期和果树病虫害生物学特点,分阶段进行调查。主要是查清当地病虫害的发生种类,可造成的危害程度和可整理的记录档案。

2. 巡查 生产中要经常观察果树是否生长正常,了解各种病虫害发生、发展的状况,可沿着道路边走边看,对一些不正常的现象,查找分析原因。对发现的一些不熟悉昆虫、异常症状的叶片、果实等样品收集照相,能够保存实物的可带回保存,并做好记录,以备日后查阅相关资料或咨询之用。若数量较多,可安排进行详细调查。

3. 详细调查 主要是掌握病虫害的数量,并通过定期调查了解病虫害的发生动态。根据常年病虫害发生规律和果树发育阶段,有针对性地对一些主要病虫害进行系统详细的调查。这是生产中制订防治措施的主要依据。根据不同病虫害发生特点,采用不同的调查方法,以能够比较准确地估计单位面积病虫害发生程度或者数量为标准,并且取得的资料可作为基础数据,从而进行不同时期、不同年份、不同地点的比较等。

(1)叶部病虫害调查 一般根据果园面积、管理的一致性确定调查数量,在管理一致的情况下,每 3 公顷可作为 1 个调查单元,称为 1 个调查方。在果园采用棋盘式取点,即在果园东、西、南、北、中各选有代表性的果树 2 株。

①叶螨调查:可在调查树东、西、南、北、中 5 个方位靠近大枝附近的叶丛枝上,各随机取 5 片成熟叶,调查叶上成螨数量,计算平均每叶有成螨数量。如果要想了解叶螨发生状态,可带回室内镜检调查成螨、若螨、卵的比例,对叶螨近期发生趋势做出预测。

②蚜虫调查:可在每株调查树上四周随机调查 50 个新梢,按照蚜虫数量分级调查,可按 1 级＝0;2 级＝1～50 头/梢; 3 级＝51～200 头/梢; 4 级＝201～500 头/梢; 5 级＞500 头/梢。

③卷叶蛾调查:在调查树上东、西、南、北、中 5 个方位随机调查 100 个梢,分别记录虫苞率和有虫数。

④食心虫调查:在一个调查方内分别在果园四角距边行 5～10 株范围和中心地带选取 2 株调查树,按树冠上部调查 30 个果,下部调查 70 个果详细调查卵果率,当卵果率达到 1%时,进行喷药防治。虫果率调查,可以结合卵果率调查同时进行。防治效果调查,可在果实采收期,随机选筐,每筐调查 100 个果有脱果孔的果数,共调查 2 000 个果实。

(2)枝干害虫调查　天牛类可调查有虫株率,根据果园环境,选择有代表性的树行,逐株检查被害株,调查 200 株,统计有虫株率。介壳虫可选取不同粗度、长度枝条调查,如桑白蚧,可选取直径 1 厘米的枝条,调查长度 10 厘米内的介壳虫数量。

(三)田间调查资料的统计

果园病虫害调查前应做好计划,设计好表格,力求调查结果能客观真实地反映病虫害发生的真实状态,有利于资料的统计分析。常用的统计数据包括虫果率、虫梢率、百叶有虫数,在反映病虫害发生动态时常用到虫口增长率、虫口减退率、校正防治效果等,病害常根据危害程度分级调查,计算病情指数。这些指标都需要通过多点取样获取多个数据,计算平均数,以代表整个取样区的病虫害状况。

1. 平均数计算

如平均虫果率:

$$虫果率(\%)=\frac{虫果数}{调查总果数}\times 100$$

$$平均虫果率(\%)=\frac{X_1+X_2+\cdots+Xn}{N}$$

式中:Xn=第 n 次调查虫果率,N=调查次数。

2. 虫口减退率及防效计算

如药剂处理后计算防效:

$$虫口减退率(\%)=\frac{处理前数量-处理后数量}{处理前数量}\times 100$$

$$校正防效(\%)=\frac{(处理区虫口减退率-对照区虫口减退率)}{(对照区虫口减退率)}\times 100$$

有的病虫害不用通过药剂处理前、后数量变化获得防治效果,可以用虫口减退率直接表示防治效果。

(四)病虫害的综合治理

1. 防治策略 我国于 1975 年在全国植保大会上提出"以防为主,综合防治"的植保方针。随着研究的深入,生产的发展,现在更为合适的策略称为"病虫害综合治理"。它的发展经过了 3 个阶段。第一阶段即一虫一病的综合防治,对于某种主要病虫害,采取各种适宜的方法进行防治,把它控制在经济允许危害水平以下。第二阶段是以寄主植物为单元,多种病虫害为对象进行综合治理。目前的综合治理已发展到以生态系统为单元的各种有害生物可持续控制技术体系研究。其基本含义是:从农业生态系整体出发,充分考虑环境和所有生物种群,在最大限度地利用自然因素控制病虫害的前提下,采用各种防治方法相互配合,把病虫害控制在经济允许危害水平以下,并有利于农业的可持续发展。

2. 指导思想　根据病虫害综合治理的基本原理，在进行病虫害防治时，要从整个果园及其所处的环境作全面的考虑，即对生物系统中生物的、非生物的各种因素进行分析，综合考虑其经济效益、生态效益和社会效益。最大限度地利用自然因素控制防止病虫害的发生，尽量能够创造一个不利于病虫害发生、而作物能够正常生长发育的环境。

就目前苹果生产现状，在大的方面要考虑果园的环境，周围不能种植易于引发苹果病虫害的作物和防护林，如桃—苹果、梨连片种植，会加重梨小食心虫的发生；刺槐、核桃做防护林可加重炭疽病的发生；杨树的溃疡病可引起烂果病等。具体到果园内管理，在不套袋的苹果园烂果病是生产中的首要问题，综合治理体系应以防治烂果病为中心，根据品种特性，采取各种综合措施，在保证防治效果的前提下，尽量少用高毒广谱杀虫剂，不用有残留的农药。同时通过栽培措施提高树体抗病虫能力，充分利用生物农药和自然天敌控制病虫害的发生。加强病虫害测报工作，减少盲目用药，在必须用药时，尽量减少用药并使用有选择性的低毒农药。注意农药的交替使用，以减缓抗药性的产生。

3. 基本防治方法　林果在受害以前，采取科学的方法预防，或在大发生以前采取措施可以降低损失。通过掌握林果生长发育特点、病虫害发生规律、科学的防治方法，可避免人为的损害（如药害、肥害等），在病虫害的防治过程中，可以根据病虫害发生的具体特点，采取不同的防治方法。

(1)植物检疫防治法　植物检疫是国家或地方政府制定法律，通过检查检验，禁止或限制危险性病、虫、草人为的从国外传入，或者从外地区传入本地区。在国内外交流日益频繁，特别是苗木、接穗、插条、种子等繁殖材料的携带、异地苗木的交流急剧增多的情况下，植物检疫显得格外重要。当一种生物传入定居后，要想彻底清除这种生物难度很大。有些种类进入新的环境以后，由于缺乏自然天敌抑制,在适宜的环境条件下蔓延很快。如苹果绵蚜、二斑叶螨等正不断向新区扩散,由于天敌未能及时追随控制种群数量上升,在局部地区往往造成惨重的经济损失。

(2)农业防治法　是在林果栽培过程中,有目的地创造有利于林果生长发育的环境条件,使林果生长健壮,抗病虫能力提高,同时创造不利于病虫害发生的环境条件。主要包括:一是培育无病毒苗木,特别对于易通过无性繁殖传播的病毒病,选用无病毒的苗木、接穗至关重要;二是选用抗病品种,在建园初选择适宜的品种,可以大量减轻以后病虫害防治的负担,就是在栽培中发现不适宜当地的品种,也要及时进行改接;三是注意果园卫生,病虫害的发生都有其根源,果园中的病枝落叶为翌年病虫害的发生提供了最初来源,及时清除病枝、落叶、落果可以大量减少翌年初侵染源;四是进行合理修剪,不仅可以调节树体负载量、改善通风透光、增强树体抗病虫能力,同时能去除病虫枝、僵果,对剪、锯口进行保护;五是合理施肥和排灌,要及时掌握树体和土壤营养状况,科学施肥,多使用有机肥,可以改良土壤结构,目前多数果园适当增施磷、钾肥可以提高抗病力,如增施钾肥可提高抗苹果树腐烂病能力,果实补钙不但可防止裂果,也可提高抗轮纹病能力。

另外,黏土地注意及时排除积水,深翻土壤,改良土壤透气性,可以预防根部发生根腐病;果实的适期采收和合理贮藏直接影响着商品性能及经济效益,采收、运输中避免造成伤口,采收后尽快降低存放地温度,以延缓果实呼吸强度高峰的出现,减少贮藏期的损失。

农业防治法是整个病虫害防治的基础,可避免许多病虫害的发生,如果发生了病虫害,树体的良好补偿作用也可以使经济损失大为降低。

(3)化学防治法　通过使用药剂杀灭或抑制病虫害的发生,起到保护林果、防止或减轻病虫害造成的损失的作用。化学药剂对病虫害有多种作用方式，如直接杀灭病虫害；对害虫的驱避作用；保护性杀菌剂对病菌生长有抑制作用；某些化学药剂还可刺激植物产生保护性反应，使体内产生植物保护素，抵御病虫害的入侵；某些化学药剂可使植物病毒活性降低，起到钝化病毒的作用；有些药剂可以和病菌分泌的毒素反应，使其失去对植物的毒害作用，从而起到保护林果不受病虫害侵袭的作用。

化学防治法是人们扑灭病虫害的灭火器，在应对暴发的病虫害方面有着不可替代的作用，但往往会产生许多副作用，果品农药残留、环境污染、破坏生态平衡、引起某些次要害虫暴发等，在实践中，要科学使用。

(4)**生物防治法** 利用生物及其代谢物防治病虫害的方法，可以通过保护利用天敌，也可引进天敌释放，或者通过人工繁殖释放天敌达到捕食寄生害虫的目的；也可以利用生物代谢物防治病虫害，如阿维菌素、浏阳霉素、多氧霉素等通过喷洒防治病虫害；也可利用病菌的拮抗作用，将有益微生物直接喷洒在植物表面，占据病菌侵染位点，预防有害生物侵染；也可通过在植物上接种无致病力的病原菌近缘种、或者低致病力的病原菌，诱发植物对病原菌的抗病性，起到近似植物疫苗的作用。

生物防治法有些类似中医中药的作用，多数情况下作用缓慢，但作用持久，生物防治法几乎不污染环境，对生态平衡影响很小，在目前强调治理环境污染，保护生态平衡的形势下，生物防治法在病虫害防治中越来越受到重视。

(5)**物理防治法** 在林果上利用物理、机械的方法防治病虫害也得到了较多的应用，如利用黑光灯诱杀林果害虫；利用黄板诱杀蚜虫、白粉虱；利用果实套袋防治果实病虫害；利用热处理脱去苗木病毒等。

三、果园常用农药及器械

(一)农药的分类及使用特点

1. 按防治对象分类 农药按防治对象可分为杀虫剂、杀螨剂、杀线虫剂、杀菌剂、除草剂、杀鼠剂、植物生长调节剂等。但是不同的农药可能具有多种功能,如不少杀虫剂也是很好的杀螨剂,有些杀菌剂也有杀虫的作用。如石硫合剂可作为杀菌剂,也可作为杀螨剂和杀虫剂防治叶螨、介壳虫等。不少农药对病虫害具有选择性,即一种农药对一类或者某些病虫很敏感,防治效果很好,而对另一些病虫防治效果很差,甚至完全无效。

在生产上选择农药时,要根据鉴定发生的病虫种类正确选择农药。如果果园中此时仅一种病虫发生得比较严重,应尽量选用选择性强的农药,对防治对象有很好的控制作用,而对生态系中其他生物影响较小,避免杀伤天敌,引起次要害虫暴发。当果园中同时发生几种病害或虫害时,要考虑选用相对广谱的农药,或者混用两种农药,以降低防治成本和劳动强度。除草剂可分为选择性除草剂和灭生性除草剂。

2. 按作用途径分类

(1)触杀剂 只有喷洒到害虫体上或者喷洒后害虫爬行接触造成死亡,如菊酯类农药。触杀剂多适于防治活动能力强的害虫。

(2)内吸剂 喷洒后可以被植物吸收,在植物体内可以转移传导,即使不直接喷到害虫身上,只要害虫吸食植物汁液,就会中毒死亡,如吡虫啉。内吸剂多适于刺吸式口器的害虫。

(3)胃毒剂 当害虫取食农药后发挥最大作用,如乙酰甲胺磷。胃毒剂多适于咀嚼式口器的害虫。

(4)熏蒸剂 农药易于挥发成气体,通过昆虫气门进入体内发挥作用，如敌敌畏。熏蒸剂多适于防治隐藏的害虫。

(5)驱避剂　如香茅油。驱避剂多适于转移性害虫。

另外有拒食剂，如印楝素；不育剂，如喜树碱；昆虫生长调节剂，如灭幼脲；增效剂，如芝麻素等。许多农药具有多种功能，有些作用也难以截然分开，如毒死蜱的触杀作用与胃毒作用，吡虫啉的内吸作用与胃毒作用等，但根据害虫发生的特点，农药在某个方面起主导作用。有些农药虽然不能在植物体内传导，但可以渗透到植物组织中，对表皮下的害虫发挥作用，称为内渗作用。

杀菌剂则可分为保护剂和治疗剂。保护剂即喷洒到植物表面形成保护膜，病菌难以再侵入或者可以抑制病菌孢子芽管伸长，如波尔多液。治疗剂即内吸性杀菌剂，在喷到植物体上后，可以被植物吸收，并随汁液传导，具有抑制病菌在植物体内扩展或杀灭病菌的作用，如多菌灵。除草剂也分为触杀性除草剂和内吸性除草剂。

3. 按农药剂型分类　农药原药绝大多数必须经过加工才能在生产中使用，在原药中加入适当的辅助剂，制成具有一定形态、组分、规格的药品，称为农药剂型。不同的农药剂型在使用时有不同的特点。

(1)粉剂　由原药加惰性填料而成，粉粒平均直径为30微米，粉粒细度高效果好。粉剂多用于土壤处理，或在大棚内撒施防止湿度过大，如万霉灵粉剂。

(2)颗粒剂　由惰性颗粒吸附一定量的药剂而成，颗粒直径一般为0.25～0.55毫米。颗粒剂一般用于土壤处理，如辛硫磷颗粒剂。

(3)可湿性粉剂　是由农药原药、湿润剂、分散剂和其他填充物按比例混合，高速粉碎后达到一定细度的粉末，湿润时间为15分钟悬浮率达40%。可湿性粉剂一般用于难以加工成乳油剂型的农药，在使用时注意经常搅拌，有些悬浮性较差的药剂易发生沉淀，在喷到桶底时局部会发生药害，如退菌特可湿性粉剂。

(4)可溶性粉剂、可溶性粒剂、可溶性片剂　原药可溶于水,和其他辅料混合制成不同形态的剂型。这些剂型比水剂相对稳定,也有利于包装、运输。

(5)水剂　原药可溶于水,由原药与水混合而成,如草甘膦水剂。

(6)乳油　由原药与有机溶剂、乳化剂等混合而成,是目前使用最多的剂型。一般同种药剂比可湿性粉剂速效性好。但有些有机溶剂对环境有害,如毒死蜱乳油。

(7)微乳剂　是一种新剂型,由原药、表面活性成分与水混合,构成的透明或半透明的单相体系,热稳定。微乳剂不使用有机溶剂,对环境保护有利,原料成本低,防燃等,但加工技术要求高,如阿维菌素微乳剂。

(8) 水乳剂　由原药、溶剂、乳化剂与水混合而成,和微乳剂类似,可以减少有机溶剂使用,优点同微乳剂。

(9)胶悬剂　是以水为介质,将原药、各种助剂与水经湿法超微粉碎制得的农药剂型。该剂型可和水以任意比例混合分散,对环境污染小。在使用过程中,由于长期存放可能出现部分沉淀,因此在稀释前应先充分摇匀,如灭幼脲悬浮剂。

(10)微胶囊悬浮剂　用物理、化学等方法,先将原药高度分散成细小微粒,然后用高分子化合物包裹和固定起来,形成具有一定包覆强度的胶囊。在喷洒后通过选择性的半透膜有控制地释放出农药,发挥相应的药效作用。微胶囊制剂可防止光、热、空气、水及微生物分解农药,农药缓慢释放出有效剂量,可以显著延长农药的持效期,如辛硫磷微胶囊悬浮剂。

(11)烟剂　是用高温下易挥发的固体农药与燃料、氧化剂、助剂等按一定比例配制而成。常见氧化剂有氯酸钾、硝酸钾等,常用燃料有木炭粉、硫脲、尿素、蔗糖等。烟剂多用于大棚和林业防治病虫害。烟剂使用要求环境气流相对稳定,在密闭的环境条件下易于发挥作用。在开放的环境条件下一般选择在日出以前，空气气流稳定时释放，如百菌清烟剂。

(12)熏蒸剂　利用低沸点液体农药挥发出有毒气体，或利用固体药剂遇水、硫酸等物质发生反应，产生有毒气体杀灭病虫害的药剂。熏蒸剂要求在密闭的条件下才能发挥最大效果，如防治天牛的毒签。

(13) 膏剂　利用原药、乳化剂与凡士林或油脂混合，配成膏状物涂于防虫部位，可以延长药剂作用时间。

4. 按化学成分分类　农药按成分和来源可分为无机农药、有机农药和生物农药。

(1)无机农药　是从天然矿物中获得的农药，包括无机杀虫剂、无机杀菌剂、无机除草剂。无机农药由于来自于自然，一般对人毒性较低，可在生产无公害食品、绿色食品、有机食品中使用，如石硫合剂、硫黄粉、波尔多液等。这些农药一般分子量较小，稳定性差一些，多数不宜和其他农药混用。

(2)生物农药　是指利用生物自身或其代谢产物防治病虫害的产品，包括真菌、细菌、病毒、线虫等，以及它们的代谢产物，一般这些病菌专一性很强，只针对某一种或者某类病虫发挥作用，对人、畜无毒或毒性很小，可在生产无公害食品、绿色食品、有机食品中使用，如白僵菌、苏云金杆菌、昆虫核多角体病毒、阿维菌素等。生物农药在使用时，对于活菌农药不宜与杀菌剂，以及含重金属的农药混合使用，在喷洒时尽量避免在阳光强烈时进行。

(3)有机农药　包括天然有机农药和人工合成农药。天然有机农药是来自于自然界的有机物。由于这类农药也来自于自然，环境可溶性好，一般对人毒性较低，可在生产无公害食品、绿色食品、有机食品中使用，如园艺喷洒油、植物性农药等。

人工合成农药也分为有机杀虫剂、有机杀螨剂、有机杀菌剂、有机除草剂、植物生长调节剂等。

①有机杀虫剂包括:有机磷类、有机氯类、氨基甲酸酯类、拟除虫菊酯类、特异性杀虫剂等。

②有机杀螨剂包括:专一性的含锡有机杀螨剂和不含锡的杀螨剂。

③有机杀菌剂包括:二硫代氨基甲酸酯类、酞酰亚氨类、苯并咪唑类、二甲酰亚胺类、有机磷类、苯基酰胺类、甾醇生物合成抑制剂等。

④有机除草剂包括:苯氧羧酸类、均三氮苯类、取代脲类、氨基甲酸酯类、酰胺类、苯甲酸类、二苯醚类、二硝基苯胺类、有机磷类、磺酰脲类等。

有机合成农药种类繁多,结构复杂,大都属于高分子化合物,酸碱度属中性居多,多数在强碱或强酸性条件下容易分解,有些可以现配现用相互混合使用,具体情况见附表。

(二)农药的使用技术

农药是一种毒剂,不管毒性大小,在使用后,对生物及其环境都有一定影响,因此应尽量避免使用农药。但生产中往往由于病虫害发生严重,不使用农药将会造成严重的经济损失,影响到人们的正常生活。在这样的情况下,如何充分发挥农药的作用,而把农药的副作用降低到最低,是一门技术性强、操作复杂的系统科学。在使用农药时,要根据病虫害发生的种类,病虫害存在的状态和生育期选择所用农药的种类,根据病虫害的生物学特性、所处的环境条件、作物的生育期、气候条件等选择适宜的农药使用方法。

1. 施药原则

(1)对症下药　各类农药的品种繁多,特点不同,应针对要防治的对象,选择最适合的品种,这对病虫害的诊断特别重要。如果诊断错误,使用的农药不对症,不但起不到防治病虫害的作用,往往会产生严重的负面影响。在使用中尽量选用对天敌杀伤作用小的品种。

(2)适时用药　根据病虫害的发生规律，科学地调查病虫害的发生动态，根据制订的防治指标，在病虫害的最敏感期、暴露期施药，可以起到事半功倍的效果。一般应在病虫害发生比较整齐的世代加强控制，在发生高峰用药，可以对整个种群起到控制作用，在世代重叠时，病虫害的各生育状态都有，喷药时往往只能控制部分危害。在实际操作中，有些病虫害防治要求的时机非常严格，如桃小食心虫的防治，必须掌握在成虫产卵期喷药，过早或过晚都起不到防治作用。因此，虫情测报是至关重要的。

(3)精确量药　选择的农药要按照推荐的使用量使用，不能随意增减。农药包装上一般用药量按每公顷用药剂的有效成分重量表示，即克/公顷，或按每公顷使用药剂的制剂量表示，即毫升/公顷，或升/公顷，林果类用药由于树体大小不同，单位面积使用的药量差异很大，一般都标有使用倍数，即1毫升制剂要加入多少毫升的水，浓度表示为毫克/千克(mg/kg)，即配成药液后，1千克的药液中含有农药有效成分多少毫克。如1.8%阿维菌素乳油防治梨木虱使用5 000倍液，即1毫升1.8%阿维菌素乳油加入5 000毫升的水，由于药剂的比重和水不一样，故使用的浓度大约为3.6毫克/千克。

①按倍数计算用药量：如1桶200升的水，要配成1.8%阿维菌素乳油5 000倍液，需要加入1.8%阿维菌素乳油多少毫升？

1.8%阿维菌素乳油制剂量＝200 000毫升÷5 000＝40毫升

②按使用浓度计算用药量：如果农药包装说明没有标明使用倍数，根据提供的使用浓度也可计算出使用量，如1桶200升的水，要用80%赤霉素粉剂配成15毫克/千克的药液，需要80%赤霉素粉剂多少克？

80%赤霉素粉剂制剂量＝200 000÷1 000 000×15÷0.8＝3.75克

或者用下列比例式计算：

$$\frac{X}{200\,000}=\frac{15}{1\,000\,000}$$

$$X=200\,000\times15\div1\,000\,000=3$$

制剂量＝3克÷0.8＝3.75克

③按单位面积用药量计算：如果农药包装上仅标有每公顷使用有效成分重量，情况比较复杂，就要根据实际情况计算，因为树体大小不一样，单位面积上需要喷药液量差异很大。如果用1.8％阿维菌素乳油防治梨木虱，农药包装上标有每公顷施药量为有效成分10克，则根据喷药需要喷水量，确定配药浓度，在一般成龄果园按每667平方米(亩)200升喷药液量计算，1公顷等于15亩，则1桶200升的水，需要加药量计算方法如下：

1.8％阿维菌素乳油制剂量＝10÷1.8％÷15＝37毫升

农药用量不但要计算准确，量药器具也要规范，不能随意倒入。

(4)喷药均匀　农药配制后要充分搅匀，并在喷洒过程中不断搅拌，特别是一些悬浮性不太好的粉剂，经充分搅拌才能保证药剂混合均匀，避免药剂分离造成防效不佳或产生药害。喷药时，必须使药剂均匀地分布在作物或受害物表面，以保证取得良好的防治效果。对于林果喷药，特别要注意的是叶片背面着药，对于小型的红蜘蛛、蚜虫多数在叶背危害，不少病菌从叶片气孔侵入，而叶片背面气孔最多。因此，要求喷药时喷嘴一直朝上或斜上方，保证叶背均匀着药，而叶正面多数情况下，仅靠雾滴沉降部分就可分布均匀。

(5)轮换用药　多年来实践证明，在一个地区长期连续使用单一品种农药，容易使有害生物产生抗药性，防治效果大幅度下降。如使用氰戊菊酯防治枣尺蠖，在开始推广时，20％氰戊菊酯乳油可使用到40 000倍液，防治效果可达99％以上，而目前生产上防治一般使用浓度为20%氰戊菊酯乳油2000倍液。通过轮换使用农药，或者间歇式更换使用农药，可有效地延缓病虫害产生抗药性，也就延长了药剂的使用寿命。

(6)合理混用　合理混用农药可以提高防治效果，延缓病虫害产生抗药性，同时可兼治不同种类的病虫害，省时省力。混用的主要原则是：当两种或两种以上病虫害同时发生，而一种药剂难以控制时，要混用不同功能的药剂防治；另外，混用必须增效，或者至少有相加作用，而对人、畜不能增加毒性，有效成分之间不能发生化学反应。

(7)注意安全　一方面注意用药时操作人员安全，做好个人防护，防止农药污染皮肤，在中午高温时，停止喷药，连续工作时间不能过长，一方面保存好农药，防止农药污染粮食、果品等，防止人、畜误食中毒；另一方面注意作物安全，使用药品品种不当或者使用时期不对、剂量过高、喷洒不均匀等都会造成药害。有些药剂对同一种作物的不同品种敏感性不同，有的品种安全，有的品种可能会产生药害，使用前要阅读有关说明，做少量试验，安全后再大量使用。不要使用禁用农药，要根据《农药安全使用标准》和《农药安全使用准则》使用农药。

2. 施药方法

(1) 喷雾法　用喷雾器把液态的药液均匀地分散到靶标对象上，是目前最常用的施药方法，适于喷雾的剂型包括乳油、悬浮剂、微囊悬浮剂、水剂、可湿性粉剂、可溶性粉剂，以及专用于超低容量喷雾的油剂等。我国根据单位面积喷洒药液量的多少，划分为5个容量级别。大容量喷雾法使用喷孔直径为0.8～1.6毫米，多采用手动的背负式、单管式、踏板式和机动的压缩式喷雾器，喷孔直径越小，压力越大，产生的雾滴越小，雾滴在植物表面分布得越均匀；反之，不易均匀喷布，也浪费药剂。

在生产中多数情况下是喷孔过大，粗雾低，叶背面喷不匀，严重浪费药剂,由于超低容量喷雾雾滴微小,漂移性强,叶背面着药少,对活动性差的红蜘蛛、蚜虫等效果差,因此在果园使用很少,主要用于林业飞机大面积防治,或者在大棚内用小型超低容量喷雾器喷雾,可以避免大容量喷雾造成的空气湿度过高。

(2)喷粉法　喷粉法施药是用喷粉器或其他工具将粉剂农药喷撒到树体及物体表面,目前多用于大棚或果树地面施药,在缺水的地方可以避免拉水,在大棚内使用可以防治病虫害,而不会因喷雾提高空气湿度、加重某些病害。喷粉的时间最好是在雨后初晴的早、晚有露水时,喷撒要均匀,野外喷粉注意看天气预报,避免在降雨前喷药,防止被雨水冲刷。

(3)土壤处理法　农药土壤处理有多种方法,根据防治对象不同可选用适宜的方法,如泼浇法,在防治草莓地下害虫时可使用此法,可顺行开沟,然后将40%辛硫磷乳油稀释成300倍液顺沟浇灌、覆土,对蛴螬、地老虎、蝼蛄都可防治。在防治桃小食心虫时,可以先将地面杂草清除,然后用40%毒死蜱乳油300倍液在树冠下喷雾,也可用3%辛硫磷颗粒剂、毒死蜱颗粒剂撒于土壤表面,将其与表土搅匀,同样方法可以防治李实蜂等。

土壤处理用水量少,省工省力,由于减少了光线直射,农药分解慢,控制害虫持效期长。由于不直接接触果实,可以减少果实农药残留,但应注意有些农药在土壤中难以降解,可能随浇灌或雨水下渗污染地下水源。另外,在预防金龟子危害时,可以对有机肥进行药剂处理,特别是白星金龟子喜欢在鸡粪中产卵,对禽畜粪使用40%辛硫磷乳油300倍液泼浇,然后用土封闷腐熟再施入土壤,可以杀灭有害病虫。防治果树根部病害,需要将病根挖出,刮净病斑,然后用杀菌剂配成适当浓度对周围土壤进行处理。

(4)注射法　注射法就是通过树干或者根系将农药注入树体内,可用高压注射器、人工输液管、或者根部埋瓶。

目前见到的高压注射器和踏板式喷雾器原理近似,先用钻在树干上钻 1 个导孔,深度约为干径的 1/4,然后将针头插入孔内,高压注入所需要的药液或营养液。一般可注入 50～300 毫升,注射完毕后用木塞堵住导孔。也可将树干上钻 1 个小孔,将输液瓶挂在较高的位置,将针头插入孔内,用输液管连接起来,使药剂慢慢滴入,并被树体吸收。也可在树冠大枝下对应的地面挖出侧根,将根插入装有营养液的瓶内,使根系快速吸收养分。注射法多用于矫正营养失衡,如矫正缺铁、缺锌等,见效快,效果也好。此法使用后注意伤口保护,在钻孔处可涂杀菌剂,防止感染腐烂病。

(5) 涂抹法　根据林果树木单株占地面积大,有些害虫需要通过树干爬行上树为害,可以通过在树干上设置障碍阻止害虫上树,也可通过使用内吸性药剂涂抹在树干上,通过树干吸收药液传导到树冠上部杀死取食汁液的害虫。如防治枣尺蠖可在惊蛰前,先在枣树、苹果树下部光滑处绑 5 厘米宽的塑料带,塑料带下缘内折,接口钉紧,然后在塑料带下缘涂尺蠖灵药膏,宽度 1 厘米即可。这样可以防治出土上树的枣尺蠖雌蛾,又可兼治枣飞象和上树的红蜘蛛。另外,如桃树开花前,可用吡虫啉、乙酰甲胺磷、乐果配成 5 倍的药液在树干上涂 20 厘米宽,待干后再涂 1 次,然后用塑料薄膜包扎,可以防治桃蚜、桃粉蚜等。

在涂药前,要先将涂药处粗皮刮净,不能使用剧毒农药,涂药的时间以春季和秋初果树生长旺盛季节为宜,休眠期树液停止流动时无效,干旱缺水效果不好,温度高时在包扎 1 周后及时去除包扎的塑料膜,以防高温发生树皮烧伤,或长期包扎引起树皮腐烂。涂抹法药剂只是局部使用,不会造成喷洒的飘移污染,一般局部用药相对数量少,成本低,对天敌也相对安全,值得摸索推广,但受防治种类限制。

(6)毒饵法　毒饵法是用害虫喜爱吃的食物和药剂一起制成毒饵,放在害虫活动为害的地方,诱使害虫取食中毒死亡。常用的如防治地下害虫,将糠麸、饼渣等先加热炒香,然后和敌百虫混合,傍晚撒在蝼蛄、地老虎活动的地方,混合的农药气味要小。另外,可用性诱剂和农药结合,诱集杀死,也是利用毒饵的方法。

(7)拌种法　拌种法是将农药、微肥等按一定的比例和种子均匀混合,使种子表面粘上一层药膜用于防治种子表面带菌和播种后害虫、老鼠危害,种子拌药时要均匀,种子拌药后最好堆闷一定的时间,使种子充分吸收药液。另外,可对果树的枝条、根系采取浸蘸药液的方法处理,如插条浸蘸生根剂可以提高插条生根率,苗木浸根可以杀灭根系所带的根结线虫和病菌等;可有效防治病虫害。

(三)喷雾器械的类型与使用

1. 喷雾器的类型　常见的喷雾器有背负式喷雾器、踏板式喷雾器、担架式机动喷雾器、电动超低量喷雾器、背负式机动喷雾喷粉机、拖拉机牵引风送式喷雾机等。其中目前常用的种类有背负式喷雾器、踏板式喷雾器、机动喷雾器。

2. 喷雾器的使用

(1)背负式喷雾器　目前有压杆式和电动式 2 种。压杆式要一手压杆加压,一手握喷头喷雾,电动式采用蓄电池,轻便省力,目前是农村常见的喷雾工具,但在有一定面积的果园使用很少,主要是费力、工作效率低,可用于新栽果园,或者是苗圃。大部分部件为塑料制成,重量轻,体积小,易于修理。在使用时,要先加压,然后打开开关喷雾,压力要均匀,不能使压力过大,以免损坏喷雾器。喷洒完毕后要清洗喷雾器。在使用中容易出现的问题有有压力不出水、无压力不出水、打气筒唧筒往外冒水等。其中有压力但不出水原因可能是喷片孔、或者管道堵塞,清理后可继续工作,无压力可能是皮碗干缩、损坏,或者是进水管的玻璃球阀因污物垫起不能控制压力,可以更换配件,或清理。打气筒冒水可能是毡垫损坏,或者装水过多。喷雾器在使用后要注意保养。

(2)踏板式喷雾器　踏板式喷雾器主要由踏板、液泵、气室和压杆组成，结构简单，压力较高，需要2人配合操作，比较省力，成本低，适合家庭小果园使用。在使用过程中，首先是要保持液泵柱塞的润滑，保持注油孔内有油，用时稍长要将油封盖拧一下。使用完毕后，将机器内药液排净，然后用清水冲洗干净。特别是喷洒波尔多液或石硫合剂后应及时清洗，防止损坏喷雾器，在生长季过后，将柱塞及配件涂抹黄油，防止生锈。

(3)机动喷雾器　机动喷雾器是由柴油机、汽油机，或者电机带动的喷雾机，目前广为使用的是利用机动三轮车在柴油机前端加机座，装上喷药泵，后面车厢装有药桶，运输、打药一体化，省工省力。工作压力大，雾化好，射程远，效率高，是果园理想的喷药机械。在使用中特别要注意机器的保养，经常检查传动带的松紧，检查曲轴箱内润滑油是否充足，根据防治对象更换喷头或喷枪，一般在喷洒防治叶螨、蚜虫时可使用喷头，防治一些大型害虫时使用喷枪。喷药时要不断搅拌药桶内药液，防止沉淀，喷完药后要用清水清洗喷雾器。将泵和管内药液排出。

在使用过程中常见的故障有吸不上水、压力不足、雾化不好、机器声音异常。吸不上水一般原因为气室进气，要将气室拧下灌满药水，立即拧上，或者检查吸水管是否漏气，滤网是否堵塞。压力不足可能是调节阀弹簧损坏，喷药管堵塞等，雾化不好和压力不足有关，可加大压力，或者检查喷片是否堵塞。如果机器声音异常，或者活塞出现漏水，要及时停机检查，是否皮垫损坏，缺少机油等。冬季不用喷雾器要放净机器内药水，活塞处涂抹润滑油防锈。

思考题

1. 果树植保员应具备的基本技能有哪些？
2. 病虫害综合治理的基本概念是什么？
3. 果园病虫害防治常用的措施有哪些？

第三章　仁果类果树病虫害及防治

一、苹果病虫害及防治

(一)常见病害及防治

苹果是我国北方地区种植面积最大的果树,苹果病害种类多,危害大,是威胁苹果生产的主要病害之一。据报道,苹果病害有100余种,根据危害部位可分为枝干病害、果实病害、叶部病害和根部病害。枝干病害主要有腐烂病、轮纹病、干腐病,其危害最重,可造成树势衰弱、死枝、死树,甚至导致毁园。果实病害主要有果实轮纹病、炭疽病、苹果黑点病。叶部病害主要有斑点落叶病、褐斑病、锈病、白粉病等。根部病害主要有白纹羽病、紫纹羽病、白绢病、根朽病、圆斑根腐病和根癌病等。

1. 苹果黑点病

(1)症状识别　苹果黑点病是推广苹果套袋技术后新发生的一种真菌病害。只危害果实,多在果实萼洼或近萼端果面发生。发病初期,果实萼洼处皮孔褐变,出现针状小黑点,后黑点逐渐扩大,近采收期直径扩展为1～5毫米不等的近圆形病斑.在潮湿或机械创伤的情况下,常有果胶溢出,风干后沉积形成白色粉末。病斑一般局限在果实表皮,不深入果肉。

(2)发生规律　此病一般从7月初发生,7月上中旬发病逐渐增多,7月下旬至8月上旬发病猛增,9月以后发病减少。病害发生轻重与套果纸袋质量、套袋技术、用药技术、脱袋时间有直接关系。纸袋透气性差,吸水能力强,袋内温度高、湿度大,有利于病菌滋生，发病严重。另外，套袋技术不合理，通气孔未打开，袋口封闭不严，雨水易进入，均有利于病菌侵染而诱发黑点病。用药技术不合理也会诱发或加重黑点病，如选用药剂不当，使用颗粒粗，悬浮性差的可湿性粉剂或含大量有机助剂的乳油或含硫、铜的制剂；用药后未等果面虫斑、锈斑净化即进行套袋，易使果面产生黑点；用药浓度过高，也易发生黑点；套袋后放松防治，导致病菌大量繁殖，致使摘袋后迅速感染，形成大量黑点，且加重翌年发病。雨后脱袋黑点病明显不同。在高温多雨年份发病重。果园地势低洼，密度大，氮肥用量过高，发病较重。

(3)防治方法

①农业防治

第一，加强肥水管理。增施有机肥，避免偏施氮肥，增加土壤有机质含量；适时浇灌，特别在 7～9 月份出现干旱情况下，要及时补充水分，确保树体和果实的正常生长。

第二，改善树体和果园通风透光条件。对通风透光性差的郁闭果园和透光率达不到 20％的树冠，可在 7～8 月份进行 1～2 次疏枝疏梢，疏除过密的层间枝、直立枝、重叠枝、徒长枝、扰乱树形的交叉枝、过旺过密的梢头竞争枝、冠上部直立的棍棒形枝条等，改变树冠的通风透光条件。

第三，以花定果，合理负载。在花序分离期，根据树势强弱，按结果枝与营养枝 1∶3.5～4.5 的比例控制负载量，每 20～25 厘米留 1 个优质花序，可起到减少养分消耗的作用，提高树体抗病能力。

第四，严格选袋，适时套袋。套纸袋或膜袋要选择透气性好、韧性强、不渗水的优质袋，同时严格套袋时间和套袋质量。落花后第三次喷药后即进行套袋，如喷药后遇雨或套袋作业时间超过 5 天，需重新喷药。套袋时将袋鼓起，左手捏住袋口，右手固定严袋口，以免病虫侵入及雨水进入袋内。

第五，雨后检查果袋。对果袋两角排水口小，不易开启的，可用剪刀适当剪一下;对袋内有积水的塑料袋,撑大下部的排水口;塑料袋封闭不严的,可用细线再缝一下。

第六,把好后期管理关。套袋的红富士苹果,应在袋内生长发育 90 天左右,一般在采收前 20～30 天脱袋,脱袋时间以上午 9～10 时,下午 4～6 时为好。

②化学防治

第一,套袋前药剂防治。根据苹果黑点病的侵染时期,从落花后 7 天开始,每 10～15 天喷药 1 次,共喷 3 次。有效药剂和配方有 50%扑海因可湿性粉剂 1 500 倍液(1.5%多抗霉素 200 倍液)+氯化钙 300 倍液+10%吡虫啉可湿性粉剂 3 000 倍液+硝酸稀土微肥 1 000 倍液;或 80%大生 800 倍液+氯化钙 300 倍液+3%啶虫脒 2 000 倍液+硝酸稀土微肥 1 000 倍液进行防治;也可用 50%多菌灵 700 倍液+4%农抗 120 水剂 200 倍液,或 12.5%烯唑醇 2 000 倍液,或 3%多抗霉素 400 倍液进行防治。

第二,套袋后脱袋前药剂防治。苹果套袋至脱袋前应根据果园病虫害发生趋势以及果园光照条件、温度和湿度而定,一般25～30 天左右用药 1 次。常用药剂参考同上。也可在 6 月上中旬喷施 70%代森锰锌可湿性粉剂 600 倍液+90%乙膦铝可湿性粉剂 600 倍液;7 月中下旬喷施 1.5%多抗霉素可湿性粉剂 200 倍液;8 月下旬至 9 月中下旬喷施 70%代森锰锌可湿性粉剂 600 倍液+菌立灭 2 号进行防治。

第三,脱袋后药剂防治。套袋苹果原则上不必喷药,但此期若遇较大降雨或出现 2～3 天以上连阴天,应立即喷施 1 次 70%甲基硫菌灵可湿性粉剂 800 倍液,以避免黑点病后期侵染和压低病原基数,减少翌年发病 。

2. 苹果褐斑病

(1)症状识别　苹果褐斑病主要危害叶片,也可危害果实。叶片发病先出现褐色小点,散生或数个连生,但病斑边缘保持深绿色。病斑扩展后分 3 种类型，即同心轮纹型、针芒型、混合型，但病斑周围保持深绿色是其主要特征。

(2)发生规律　病菌以菌丝体在落叶中越冬，翌年降雨后产生孢子，借风雨传播，6～8 月份为发病高峰，雨水是病害流行的主要条件，环境和树势对发病也有很大的影响，地势低洼，树冠郁闭，通风透光差发病较重。

(3)防治方法

①农业防治：加强栽培管理。增施有机肥，注意排水，合理修剪，使树冠通风透光，提高树体抗病力。秋末彻底清除落叶，集中深埋，减少病菌来源。

②化学防治：在春季多雨年份，自 6 月上旬至 8 月上中旬喷药 3～4 次；春季干旱、夏季少雨年份，从 6 月中旬开始喷药 2～3 次，间隔 10～15 天。幼果期可喷施 68.75％易保水分散粒剂 1 000 倍液，或 75％猛杀生干悬浮剂 600～800 倍液，或 80％大生可湿性粉剂 600～800 倍液，或 50％多菌灵可湿性粉剂 600 倍液，或 50％扑海因可湿性粉剂 1 000 倍液。在果树生长中后期可喷 1：2～3：200 波尔多液，或锌铜石灰液(硫酸锌 0.5：硫酸铜 0.5：生石灰 2：水 200)。

3. 斑点落叶病

(1)症状识别　斑点落叶病主要危害幼嫩叶片，也可危害新梢和果实。叶片染病，病斑褐色至红褐色，中央具一深色小点，边缘紫褐色，病健交界明显。空气潮湿时，病斑背面有黑色或黑绿色霉状物。后期病斑被其他病菌再次寄生，呈黑褐色至灰白色。叶柄受害产生椭圆形凹陷斑，易脱落。果实受害，先产生褐色小点，周围有红晕，病斑稍凹陷。

(2)发生规律　病菌主要在落叶上越冬，少数在被害枝条的病斑内越冬。翌年 5 月份病菌产生分生孢子，随风雨传播，侵染新生嫩叶。叶龄 35 天以后的叶片基本不被病菌侵染。因此，每年有 2

个发病高峰,即春梢和秋梢生长期。发病率和新梢期降雨量有密切关系,即春季展叶期,降雨多,持续时间长,发病早且重;夏季阴雨连绵,发病急剧加重。树势衰弱,树冠郁闭,地势低洼,排水不良,有利于病害发生。品种的抗病性差异明显,以元帅、红星、青香蕉、富士等品种较易感病。

(3)防治方法

①农业防治:清理果园,秋末彻底清扫落叶,剪除病梢,集中深埋或烧毁。加强栽培管理,合理修剪,疏除不必要的徒长枝,改善树冠通风透光条件。增施肥水,增强树势,提高树体抗病能力和被害后的补偿能力。

②化学防治:发芽前全树喷布3～5波美度石硫合剂,或45%代森铵水剂400倍液,杀灭越冬病菌。喷药保护,重点应加强对春梢叶片的药剂防治。如5月上中旬雨水较多,应在5月中下旬喷第一次药,6月份春梢旺盛生长期,应加强喷药保护。秋梢旺盛生长期如雨水适宜,仍需喷药。

常用杀菌剂有50%扑海因可湿性粉剂1 000～1 500倍液,或10%多氧霉素(宝丽安)可湿性粉剂1 000倍液,或3%多抗霉素可湿性粉剂200～300倍液,或1%中生菌素水剂300倍液,或80%必得利可湿性粉剂800倍液。新梢停止生长后,可喷布68.75%易保水分散粒剂1 000倍液,或75%猛杀生干悬浮剂600～800倍液,或1∶2～3∶240波尔多液。

4. 苹果腐烂病

(1)症状识别　苹果树腐烂病俗称烂皮病,是我国北方苹果树重要病害之一。主要危害结果树的主干和主枝,还可危害小枝、幼树和果实,枝干症状分为溃疡和枝枯2种类型。

①溃疡性:主要发生在主干、主枝上,病部树皮呈红褐色、水渍状、微隆起、圆形至长圆形病斑,皮层变褐腐烂,有酒糟气味,容易撕离。后期病斑干缩凹陷,暗褐色,其上散生许多小黑点,潮湿时

从小黑点中涌出黄色丝状物。

②枝枯型：主要发生在2～5年生枝条上，病斑边缘不清晰，不隆起，不呈水渍状，染病枝条迅速失水干枯，后期病斑表面产生很多小黑点。严重时也可危害果实，病斑近圆形或不规则形，淡褐色腐烂，有酒糟味。

(2)发生规律　病菌以菌丝体、分生孢子器及子囊壳在病株和病残体上越冬。条件适宜时产生大量病菌孢子，通过风雨传播，侵染危害。全生育期都有病菌孢子飞散。孢子萌发后经各种伤口侵入，也可通过皮孔、果柄痕、叶痕等进行侵染。病菌侵入组织后一般在侵染点附近潜伏，当附近组织衰弱或死亡，寄主的抵抗力减弱时，潜伏病菌即开始扩展蔓延，导致树皮腐烂。

此病1年中有2个发病高峰，分别为春季高峰(3～4月份)和秋季高峰(7～9月份)。早春气温回升，树液开始流动，营养物质向生长点转移，树体枝干营养水平降低，导致树体抗病能力迅速降低，病菌大量扩展蔓延，从而形成春季高峰，常造成死枝、死树。5～6月份，枝繁叶茂，树体抗病性增强，病菌停止扩展，春季高峰结束。7～9月份，果实迅速膨大，需要大量养分，导致树体营养水平相对降低，病菌又开始扩展蔓延，进而出现秋季发病高峰。树势强弱是影响腐烂病发生轻重的主要因素，一切可以削弱树势的因素都可以加重腐烂病的发生。例如，树体营养不平衡、结果量过大、伤口过多、冻害严重、缺肥干旱、早期落叶及叶螨大发生后，发病较重。

(3)防治方法

①农业防治：加强栽培管理，增强树势，提高树体抗病能力。调整树体负载量，根据树龄、树势及土壤条件，结合冬剪和疏花疏果，调整树体负载量，控制大、小年现象的出现。预防冻害，秋末冬初在树体上涂白，可预防冻害发生。白涂剂可用生石灰5千克、食盐2千克、植物油100克加水20升配制。合理施肥，增施有机肥，

至少达到“斤果斤肥”的标准。据一些经验,每50千克果需施用氮素0.35千克,磷0.15千克,钾0.35千克,获得防病和丰产的效果。适度修剪是调节树体生长和结果的技术措施,只要修剪适度,就能促使树体健康正常生长。重剪或轻剪不利于树势增强,同时锯口或剪口,应当药剂涂抹保护,以防病菌侵入。复壮更新,对已染病树但还有生产价值,用桥接、脚接恢复树势。对病情严重、树龄大、无生产能力的树应及早刨除更新。控制其他病虫的危害,对苹果树的山楂红蜘蛛、早期落叶病要及时防治,控制其危害,避免提前引起落叶,削弱树势。

②化学防治:芽前防治,细致刮除枝干粗翘皮,全树喷布3～5波美度石硫合剂,或45%代森铵(施纳宁)水剂400倍液,或5%菌毒清水剂100倍液喷洒。对重病树,在7月上旬对主干及大枝涂刷上述药剂之一,可预防新病斑发生。及时治疗病斑,治疗病斑要采取秋、春两季突击治,常年坚持循回治,治早治小,减轻危害。对病皮已腐烂到木质部的病斑采取刮治,仅表皮腐烂的可采取隔条涂药的治疗方法。对治疗后的病斑用45%代森铵水剂200倍液,或5%菌毒清水剂30～50倍液,或21%过氧乙酸水剂2～5倍液,或2.12%腐殖酸铜剂,涂刷消毒。当年病斑和2～3年病斑在夏、秋季再补刷2次消毒剂。同时对较大的锯口也要涂刷消毒剂。

5. 苹果霉心病

(1)症状识别　苹果霉心病又称心腐病,只危害果实,造成果实心室发霉(霉心型)和心室及果肉腐烂(心腐型)。霉心型病果果实外观正常,只局限在心室造成果实心室发霉,产生灰褐色至褐色霉状物,但果肉不腐烂,不影响食用。心腐型病果果心霉烂,果肉发黄,有苦味;后期全果腐烂,重病果容易脱落。贮藏期病菌继续侵害果肉,使果肉变褐腐烂,果面形成褐色、湿腐状病斑,最终导致全果腐烂,果肉味苦,完全失去食用价值。

(2)发生规律　霉心病菌都是弱寄生菌,在自然界广泛存在,可在果树的芽鳞、枯花、僵果、落果等处越冬，也可在其他果树、杂草、土壤中腐生越冬。翌年春季病菌孢子随风雨和气流传播。病菌主要在花期侵染柱头，果实萼筒是病菌侵入的通道。后逐渐侵入果心，导致果实发病。6 月份可见病果脱落，果实生长后期发病更多。该病的发生与气候、品种关系密切，开花期多雨潮湿容易造成病菌侵染。果实萼筒开放较大、开放时间长的品种如红星、北斗等，高度感病；红富士、金冠等次之。

(3)防治方法

①农业防治：及时清洁田园，彻底清除树上的病枯枝、僵果及一切病残组织。清除地面落叶、落果、杂草等，一并带出园外深埋或烧毁，尽可能彻底消灭病菌来源。

②药剂防治：在果树发芽前，全树喷布 3～5 波美度石硫合剂 300 倍液，或 45%代森铵水剂 400 倍液。花期防治是防治该病的关键。一般在盛花末期喷药 1 次即可防治该病的危害；高感品种应在初花期和末花期各喷 1 次药。药剂可选用 75%猛杀生干悬浮剂，或 80%大生可湿性粉剂 600～800 倍液，或 10%多氧霉素可湿性粉剂 1 000～1 500 倍液，或 80%必得利可湿性粉剂 800 倍液，或 50%扑海因可湿性粉剂 1 000 倍液，或 68.75%易保水分散粒剂 1 000倍液，或 70%甲基硫菌灵可湿性粉剂 1 000 倍液等。

6. 苹果白粉病

(1)症状识别　苹果白粉病主要危害叶片和新梢，也能危害芽、花器和幼果。病部表面布满白粉是此病的主要特征。重病芽当年枯死，轻病芽翌年萌发形成白粉病梢。病梢叶片两面布满白粉状物，后期叶片干枯脱落，病梢形成干橛；生长期叶片受害，表面初产生白色病斑，病叶凹凸不平；严重时叶片正反两面布满白粉，卷曲、质脆而硬。花期受害，花梗和萼片畸形，花瓣细长，病重时不易结果 。幼果感病后萼洼和梗洼处产生白色粉斑，果实长大后，白粉自然脱落，在果面形成网状锈斑。

(2)发生规律　病菌以菌丝体在病芽内越冬。翌年病芽萌发形成病梢,表面产生大量分生孢子,通过气流传播,直接侵染嫩叶、幼果。4～5月份,春梢旺盛生长期是白粉病第一次发病盛期;9月份秋梢出现时为第二次发病高峰,10月份以后很少侵染。此病的发生与气候、栽培和果树品种关系密切。春季温暖干旱,有利于病害的前期流行;夏季凉爽,秋季晴朗,有利于后期发病,但连续阴雨对白粉病有一定的抑制作用。不同品种苹果抗病能力也有差异,一般富士、红星、国光易感病;秦冠、青香蕉、金冠等发病较轻。

(3)防治方法

①农业防治:加强栽培管理,增施有机肥和磷、钾肥,减少氮肥用量。合理密植和修剪,通风透光,增强树势,提高抗病能力。摘除病梢,休眠期结合冬剪剪除病梢,5～6月间连续剪除当年新生病梢,集中烧毁或深埋。

②药剂防治:在现蕾期、落花70%及花后15天左右,各喷1次药。常用药剂有:15%三唑酮可湿性粉剂1 000～1 500倍液,或12.5%烯唑醇可湿性粉剂2 000～2 500倍液,或70%甲基硫菌灵可湿性粉剂1 000倍液,或12.5%腈菌唑乳油2 000～3 000倍液,或75%百菌清可湿性粉剂600～750倍液。

(二)常见虫害及防治

苹果害虫种类繁多,但真正在生产中造成危害的种类较少,在不套袋栽培的果园,桃小食心虫仍是最主要的害虫之一,特别是山区丘陵果园,环境复杂,需要重点防治;梨小食心虫也发生普遍,特别是梨一桃、苹果一桃连片种植的果园,给防治带来一定难度。套袋栽培果园,有些出现了介壳虫为害果实问题,苹果球蚧发生上升。目前山楂叶螨、苹果黄蚜、金纹细蛾成为各果区重点防治对象,二斑叶螨、苹果绵蚜在不少果区蔓延较快。由于栽培模式的变化,病虫害防治中用药结构的变化,导致害虫种群结构相应发生了很大的变化。害虫的识别是治理的前提，掌握了害虫的发生规律，才能采取有效的措施和时机控制害虫危害。

1. 山楂叶螨

(1)为害状　山楂叶螨属蛛形纲蜱螨目叶螨科，又称山楂红蜘蛛。寄主植物有苹果、梨、桃、杏、山楂等，是北方落叶果树的主要害螨之一。此虫以成螨、幼螨、若螨刺吸寄主叶片汁液。叶片受害初期，表面出现失绿斑点，后扩大连成片，严重时在叶片背面甚至正面吐丝结网，导致叶片呈苍白焦枯似火烧状，提早脱落，削弱树势，常造成二次发芽开花，不仅影响当年果实产量和品质，还影响翌年花芽形成和产量。

(2)发生规律　山楂叶螨在北方果区 1 年发生 6～10 代，以受精雌成螨在果树主干、主枝及侧枝的粗老翘皮、裂缝及主干周围的土缝中群集越冬。翌年 3 月下旬至 4 月上旬苹果花芽萌动后开始出蛰为害，现蕾后至开花前始出蛰盛期，苹果盛花期越冬代成螨开始产卵，6～7 月份高温干旱季节是全年发生危害高峰期。山楂叶螨常群聚叶背为害，有吐丝结网习性，卵产于丝网上。越冬雌成螨出蛰后顺枝干爬行扩散，最初集中在树冠内部，随着螨量增加，成虫由树冠内膛向外围扩散，危害全树。高温干旱是促其大发生的重要气候因素。

(3)防治方法

①人工防治：在秋季害螨越冬前，在树干中下部绑草绳，诱集成螨在此越冬，在冬季或翌年早春解下烧掉，消灭在此越冬的雌成螨。清除落叶、枯枝，带出田外集中处理，消灭越冬成螨。

②改善果园生态环境：果园行间种植绿肥，据观察，果园种植毛叶苕子能够增加果园生物多样性，降低果园红蜘蛛越冬基数。在早春大量培养红蜘蛛天敌，如捕食螨、食螨瓢虫、花蝽、草蛉等，抑制树上红蜘蛛数量上升，具有明显的控制作用。

③药剂防治：休眠期防治，果树休眠期喷施 3～5 波美度石硫

合剂或45%石硫合剂晶体30～40倍液,消灭越冬成螨。生长期防治的关键时期是越冬雌成螨出蛰盛期和第一代幼螨孵化期。在越冬雌成螨出蛰期,可选用50%硫悬浮剂200倍液或0.5波美度石硫合剂喷雾。在第一代幼螨孵化期,可用下列药剂喷雾:0.3波美度石硫合剂,或50%硫悬浮剂300～400倍液,或20%螨死净悬浮剂2 000倍液,或15%扫螨净乳油2 000倍液,或5%噻螨酮(尼索朗)乳油2 000倍液,或1.8%阿维菌素乳油4 000～5 000倍液。在果树生长季,如有必要进行防治,可根据以下防治指标进行:在6月底以前,每叶平均有活动叶螨3～4头,在7月以后,每叶平均有活动叶螨7～8头时,可以喷药防治。低于此指标,可以不喷药。

2. 苹果全爪螨

(1)为害状　又称苹果叶螨、苹果红蜘蛛,在国内各果区均有分布。主要寄主植物有苹果、梨、桃、杏、山楂等。

此虫以成螨、若螨、幼螨刺吸叶片汁液,早期被害处出现许多黄白色小斑点,后渐变为灰绿色,受害严重时叶片灰白、变硬、质脆,无吐丝现象,一般不造成落叶。春季为害嫩芽,严重影响展叶和开花。

(2)发生规律　此虫1年发生6～9代,以卵在短果枝、果台或2年生以上的小果枝上越冬。翌年春花芽膨大时,越冬卵开始孵化,3～5天后进入盛期,历时9～14天。此期气温高而稳定,则孵化整齐、集中,是化学防治的有利时期。6月份以后各代重叠发生,7～9月份高温干旱季节是为害最重时期。

(3)防治方法

①农业防治:加强栽培管理,增施有机肥,不偏施氮肥,及时浇水,合理负载,提高果树本身的耐寒能力和补偿能力。

②生物防治:果园生态系统中,捕食苹果全爪螨的天敌很多,如捕食螨、食螨瓢虫、花蝽、草蛉等,当益害比小于1∶50时再用药,尽量选择对天敌安全的选择性农药。果园种植毛叶苕子、三叶

草等绿肥作物，增加天敌种类和数量，发挥天敌的自然控制作用。

③药剂防治：芽前防治，果树发芽前喷施 3～5 波美度石硫合剂或 45%石硫合剂晶体 30～50 倍液。重点抓住越冬卵孵化盛期和第二代若螨发生盛期（苹果落花后）喷药防治。第一关键期是开花前越冬卵孵化盛期至末期。以后根据果园叶螨发生情况和防治指标，6 月份以前当平均每叶活动叶螨达 3～5 头、6 月份后达 7～8 头时及时用药防治。有效药剂参考山楂叶螨。注意轮换用药，喷药要均匀周到，如能加上农药助剂，可显著提高防治效果。

3. 二斑叶螨

(1)为害状　俗名白蜘蛛。是近年来迅速蔓延的一种害螨，抗药力强，繁殖迅速，生产上较难防治。为害苹果、桃、杏、李、梨等果树及花生、豆类等一些农作物，以成虫、若虫、幼虫刺吸叶片为害。先在叶片主脉两侧群居为害，受害处布满白色小点，而后失绿变黄，最后害螨布满叶片吐丝结网，为害严重时叶片大量脱落。由于虫体很小，体积只是山楂叶螨的 1/2 左右，前期不易发现。

(2)发生规律　二斑叶螨每年可发生 10 多代，以受精雌成螨在树缝内或土缝内越冬。由于虫体很小，而且前期为害又很轻，所以果树生长前期不容易发现，直到 6 月份才在树上陆续发现，该螨也是先在树体内膛为害，后扩散至全树，在被害叶片上吐丝结网，7～8 月份为害严重，10 月份出现越冬型。

(3)防治方法　冬季清除树下落叶杂草，开春深翻树下土壤，减少越冬成螨。二斑叶螨为害严重的果园树下尽量不要套种花生、豆类等易发生二斑叶螨的农作物，在树下有三叶草的果园要及时对三叶草上的二斑叶螨进行防治。在 6 月份发现有二斑叶螨要及时喷药防治。可用 1.8%阿维菌素乳油 4 000 倍液，或 5%尼索朗乳油 2 000 倍液，或 20%炔螨特水乳剂 1 000 倍液喷施。由于该螨的抗药性较强，上述药剂的防效一般只能维持在 10 天左右，所以建议施药后间隔 7～10 天补喷 1 次，在二斑叶螨发生期尽量少用菊酯类药物,尽可能保护田间的二斑叶螨天敌,如塔六点蓟马、中华草蛉、晋草蛉、深点食螨瓢虫、黑襟毛瓢虫等。

4. 绣线菊蚜

(1)为害状　又称苹果黄蚜。以成蚜、若蚜群集为害新梢、嫩叶、叶片。被害叶皱缩不平,向背横卷,影响光合作用。新梢被害后生长不良,影响树冠扩大。严重时还可为害幼果,蚜虫分泌的蜜露,容易诱发霉污病,污染果品表面。

(2)发生规律　绣线菊蚜1年发生10余代,以卵在枝条芽缝或树皮裂缝内越冬。苹果萌芽后,越冬卵开始孵化,初孵幼蚜为害芽和嫩叶,叶片长大后,蚜虫集中在叶片背面和嫩梢上刺吸汁液。5～6月份是全年为害盛期,进入6月中下旬以后,开始产生有翅雌蚜,向杂草和其他寄主转移。10月份产生有性蚜,迁回到果树上,交尾后产卵越冬。

(3)防治方法

①人工防治:在蚜虫发生少的年份,个别新梢被害时,及时将其剪除,可有效控制扩大蔓延。

②生物防治:一般应尽量少用化学农药,保护利用天敌。天敌种类主要有七星瓢虫、草蛉、食蚜蝇、花蝽、蚜茧蜂、蚜小蜂等。有条件的地方,可于5月上中旬,在麦田中利用捕虫网捕捉瓢虫,释放于果园,控制蚜虫。

③药剂防治:休眠期防治,果树发芽前,喷施3～5波美度石硫合剂,或45%石硫合剂晶体30～50倍液,或95%机油乳剂50倍液杀灭越冬卵。生长期防治,药剂涂干。4月上旬果树萌芽期或蚜虫初发期,先将主干上部或主枝基部粗翘皮刮净,涂10%吡虫啉可湿性粉剂10倍液于刮皮部位,涂成宽约6厘米药环,涂药后用塑料布包好。从嫩梢蚜虫发生初期开始喷药,7～10天1次,一般连喷2次即可控制为害。常用药剂有10%吡虫啉可湿性粉剂2000～3000倍液,或3%啶虫脒乳油2000倍液,或48%乐斯本

乳油 2 000 倍液。

5. 苹果球蚧

(1)为害状　又称日本球坚蚧。分布于东北、华北、西北等地区。寄主广泛,包括苹果、梨、山楂、桃、杏、李等果树。它不仅以若虫和雌成虫固着在寄主枝条上,吸食汁液为害,而且还以低龄若虫为害叶片,造成树势衰弱,影响开花结果和果实品质。在发生数量较多的树上,果树开花前后,虫体迅速膨大期排泄像糖蜜一样的黏液,导致整株树所有枝干表面呈淋洗、湿润状态,后期易发生霉污病污染果实。

(2)发生规律　1 年发生 1 代,以 2 龄若虫于 10 月上中旬果树开始落叶时,由叶片转移到枝条上越冬,直径 13 毫米以上枝条很少寄生。越冬若虫 3 月上中旬在原处开始为害、发育,3 月下旬至 4 月上旬分化为雌、雄性,4 月中旬出现雌成虫,5 月上旬产卵。雄成虫 4 月中旬羽化。雌成虫将卵产于体下。5 月中旬孵化出若虫,5 月下旬为孵化盛期。初孵若虫沿寄主枝条爬行,最后全部到叶片背面固着为害。到 10 月中旬左右离开叶片之前蜕 1 次皮变为二龄若虫,恢复活动能力,然后迁移到适当地方固定越冬。雌、雄虫皆为 3 龄,蜕皮 2 次。

(3)防治方法

①发芽前防治:苹果球蚧虽然每年仅发生 1 代,但由于单雌产卵量高达 2 500 粒,具有惊人的繁殖能力,所以该虫很快蔓延成灾。发芽前,选无风温暖的天气,选用 25%噻嗪酮乳油 2 000 倍液,或 30%机油·石硫合剂 500 倍液,或 1%阿维菌素乳油 5 000 倍液喷雾。

②生长季防治:生长期防治的时机应掌握在卵孵化末期进行,可使用 1%阿维菌素乳油 4 000 倍液,或 40%毒死蜱乳油 1 500 倍液,一般结合防治红蜘蛛时兼治。

苹果球蚧防治注意 2 个时期,即发芽前和卵孵化后,发芽前使用油制剂和昆虫生长调节剂,卵孵化后使用触杀性强的药剂。

6. 苹果绵蚜

(1)为害状　苹果绵蚜又叫赤蚜、血色蚜虫。以成虫和若虫刺吸树体汁液,主要集中在剪锯口、病疤周围、树干裂皮缝、枝条、叶柄基部和根部为害。虫体上覆盖白色棉絮状物,被害处形成肿瘤状突起,严重时树体衰弱,逐渐枯死。果实萼洼或梗洼处也可受害。

(2)发生规律　1 年发生 12～21 代。以一至二龄若虫在枝、干病虫伤疤边缘缝隙、剪锯口、根蘖基部、根颈部、新梢的叶腋、短果枝端部等处越冬。翌年苹果树展叶后,开始活动取食,繁殖扩散。5 月上中旬,进入普遍蔓延阶段。5 月下旬至 7 月初是全年繁殖盛期。6 月下旬至 7 月上旬出现全年第一次为害高峰。7 月中下旬至 8 月份受天敌和高温的影响,苹果绵蚜发生量受到抑制,虫口密度下降。9～10 月份气温下降,种群数量又急剧回升,出现第二次为害高峰。11 月下旬开始以一至二龄若虫越冬。

(3)防治方法

①加强检疫,严禁从苹果绵蚜发生区调运苗木和接穗。

②保护利用天敌,苹果绵蚜的天敌种类很多,如蚜小蜂、七星瓢虫、异色瓢虫、草蛉等。

③药剂防治:休眠期刮除树缝、剪锯口、病虫伤疤边缘等处的绵蚜,剪掉受害枝条上的绵蚜群落,集中处理。然后使用 40.7%毒死蜱乳油 2 000 倍液,或 95%机油乳剂 50～60 倍液涂抹越冬处或全园喷雾,以降低越冬基数。全年生长期的第一个防治关键期是果树萌芽后至开花前,进一步杀灭越冬虫源;第二个关键期是 5 月中下旬,防止绵蚜扩散为害,进入 6 月份后仍需用药防治。有效药剂为 40.7%毒死蜱乳油 2 000 倍液。

7. 金纹细蛾

(1)为害状　以幼虫从叶背潜入叶片上下表皮之间取食叶肉,

使下表皮与叶肉分离、皱缩，上表皮拱起，呈椭圆形筛网状虫斑；虫斑内残存黑色虫粪。剥开皱缩的下表皮，可见1头淡黄色的幼虫或黄褐色的蛹。

(2)发生规律　金纹细蛾1年发生5～6代，以蛹在落叶虫斑内越冬。翌年在苹果树花芽萌动时成虫开始羽化。在河南省各代成虫发生盛期为：越冬代4月中旬，一至五代分别为5月下旬、6月下旬、7月下旬、8月下旬、10月中旬。除越冬代和一代成虫发生集中外，其余各代世代重叠。一般二至四代幼虫为害严重，为害高峰期为7～9月份。金纹细蛾对不同品种的苹果为害程度有明显差异，国光、富士受害较重，红星受害较轻。

(3)防治方法

①农业防治：果树落叶后，彻底清除枯枝落叶，集中烧毁，消灭越冬蛹。结合春季修剪彻底剪除萌蘖并加以处理，减少其产卵繁殖。

②物理防治：利用性诱剂诱杀成虫。从4月上旬开始，每667平方米悬挂3～5个性诱捕器，可大量诱杀雄虫，干扰其正常交尾，降低田间落卵量。

③药剂防治：发生严重的果园落花后立即用药防治第一代初孵幼虫，一般果树在落花后40天左右是防治第二代幼虫的关键期，以后每间隔1个月左右用药1次。可利用性诱剂确定具体用药时间。当性诱剂某一天诱到成虫数量较前1天增加3～5倍时，立即喷药防治。药剂可选用25%灭幼脲3号悬浮剂1 500～2 000倍液，或20%杀铃脲悬浮剂8 000倍液，或1.8%阿维菌素3 000～4 000倍液等。

8. 桃小食心虫

(1)为害状　桃小食心虫以幼虫为害果实，被害果表面出现针头大小的蛀果孔，孔外出现泪珠状汁液，汁液干后呈白色蜡状物。幼虫在果实内为害，造成纵横弯曲的虫道。虫粪留在果内，果实呈豆沙馅状。幼果被害后,生长发育不良,形成果面凹凸不平的"猴头果"。被害果表面大多留下圆形脱果孔,孔口处有少量虫粪,有丝粘连。

(2)发生规律　该虫1年发生1～3代,以老熟幼虫在土壤中做冬茧越冬。翌年苹果落花后半个月左右,幼虫开始出土。继而在地面做夏茧化蛹。该虫在河南省5月下旬开始出现越冬代成虫,盛期在6月中下旬。成虫主要产卵于果实萼洼处,梗洼处较少。第一代卵发生盛期在6月下旬至7月上旬,初孵幼虫在果面爬行一段时间后,从果实胴部蛀入果实,在果实内取食,排粪便于其中。幼虫老熟后从果中脱出,7月下旬以前脱果的幼虫,脱果后在地面做茧化蛹,继续发生下一代;8月中旬脱果的第一代幼虫,一部分入土做茧越冬,另一部分继续发生下一代。第一代成虫高峰期在8月上中旬。第二代成虫高峰期在8月末至9月初。9月以后脱果的幼虫全部入土结冬茧越冬。

(3)防治方法

①清洁田园:捡拾落地虫果和摘除虫果,集中处理,能减少虫源。

②果实套袋:实行果实套袋,既能防止病虫害,又能增加果实光洁度。

③诱杀成虫:苹果落花后半个月开始,每667平方米放置桃小食心虫诱捕器3～5个,或每3～4公顷设置1台果园专用频振式杀虫灯,可大量诱杀成虫,减少落卵量。

④地面防治:苹果落花后半个月左右,在果园设置桃小食心虫性诱捕器,自诱到成虫之日起或于5月中下旬降雨或果园浇水后,用25%辛硫磷微胶囊剂300倍液,或40%毒死蜱乳油400倍液,喷洒树盘后浅锄。

⑤树上喷药:喷药时期应在成虫产卵期和幼虫孵化期。当果园卵果率达到0.5%～1%时喷药。药剂可选用30%氰马乳油

1 500～2 000 倍液，或 4.5%高效氯氰菊酯微乳剂 1 000～1 500 倍液，或 2.5%三氟氯氰菊酯乳油 3 000 倍液。

(三)小　结

苹果是我国北方地区的主要果树，病虫害种类多，危害重。按受害部位，可分为果实病害、叶部病害、枝干病害和根部病害。危害果实的主要病害是轮纹病和炭疽病，两者症状的区别在于轮纹病的病斑初期有晕圈，周围红色，病斑扩大后不下陷。炭疽病的病斑下陷，且颜色深。轮纹病在枝干上越冬，生长期可同时侵染果实和枝条，幼嫩组织易于染病，侵染多少与降雨关系密切，一般当年无重复侵染。炭疽病在果台、病僵果上越冬，生长期可重复侵染，防治果实病害，套袋是行之有效的方法。另外，清除越冬病原十分重要，生长期防治应根据降雨情况增减喷药次数。

叶部病害以褐斑病和斑点落叶病危害严重，两者症状的区别在于褐斑病的病斑不规则，新老叶均可受害，斑点落叶病的病斑为圆形，以危害嫩叶为主。清除落叶，减少病源是防治叶部病害的重要措施，生长期防治以波尔多液为基本药剂，代森锰锌对褐斑病比较敏感，而多氧霉素对斑点落叶病效果较好。枝干病害主要有腐烂病、轮纹病和干枯病，从症状上区分，腐烂病可引起大面积溃疡和枝条枯死，上生稀疏小黑点；干腐病病斑较小，形成致密的小黑点。轮纹病在枝干上可形成病瘤，边缘干枯后翘起，许多病瘤连成片后，形成粗皮，也可引起枝干枯死。防治枝干病害，关键是培育壮树，提高抗病力；另外，注意清除病原，及时刮治病斑。

为害果实的害虫主要是桃小食心虫，其次是梨小食心虫，桃蛀螟，棉铃虫，苹小卷叶蛾也可为害果实。田间可从幼虫特征和为害状区分为害，桃小食心虫老熟幼虫桃红色，无臀栉；梨小食心虫老熟幼虫枣红色，有臀栉，其他几种幼虫较好区别；桃小食心虫蛀孔小，蛀孔处有水珠，幼虫在果肉中串食，然后为害果心；梨小食心虫先在果皮下串食,形成虫疤,然后蛀入果心为害;桃蛀螟、棉铃虫均在果面咬食大洞,苹小卷叶蛾仅啃食果面,从为害状可以初步鉴别害虫种类。桃小食心虫以幼虫在土壤中越冬,每年可发生1～3代,越冬幼虫结2次茧,即越冬茧和化蛹茧。提倡套袋防治,不套袋果园防治主要为土壤处理和树上喷药。土壤处理应注意测报幼虫出土期,在出土初盛期用药,严重时间隔25天再处理1次,树上喷药,应注意用性诱剂测报成虫发生高峰期,在幼虫蛀果前喷药。

为害叶片的主要害虫有叶螨类、蚜虫和金纹细蛾。叶螨类包括山楂叶螨、苹果全爪螨和二斑叶螨。山楂叶螨成螨枣红色,呈枣状椭圆形,苹果全爪螨成螨深红色,近圆形,毛瘤明显,二斑叶螨成螨黄白色,体两侧各有1个黑斑。从为害症状上区分,经山楂叶螨为害,初期叶面有黄点,严重时叶片焦煳脱落,苹果全爪螨、二斑叶螨为害后,叶面呈暗灰色,苹果全爪螨成螨多在叶正面活动,二斑叶螨在背面,最后叶片黄化脱落。螨类繁殖迅速,每年都可发生10代,山楂叶螨、二斑叶螨以成螨越冬,苹果全爪螨以卵越冬。蚜虫以绣线菊蚜为主,苹果瘤蚜局部发生,苹果绵蚜为害枝干。蚜螨的防治分越冬防治和生长期防治,可在发芽前喷洒石硫合剂或机油乳剂,生长期喷药时应选用具选择性的杀虫杀螨剂,以保护天敌。金纹细蛾每年可发生5～6代,以幼虫在落叶中越冬。防治应注意调查化蛹期,使用昆虫生长调节剂类防治,同时注意保护天敌。

为害枝干的害虫主要有桑天牛和苹果球蚧。桑天牛2～3年发生1代,以成虫期捕捉和春季堵洞熏杀为主。苹果球蚧每年发生1代,以二龄若虫越冬,防治关键期分为芽前越冬若虫防治和若虫孵化末期。

(四)主要病虫害治理措施　(见表 1)

表 1　苹果病虫害治理模式

物候期	防治对象	防治措施 *
休眠期(自入冬至萌芽前)	腐烂病、落叶病、金纹细蛾、顶梢卷叶蛾	树干涂白,杀菌防冻,清除落叶消灭越冬病、虫源,结合修剪去除病虫枝
萌芽期(花芽露白期)	枝干轮纹病、腐烂病、天牛	先刮除病瘤、病瘢,涂农抗 120 或 5%菌毒清 30 倍液,然后全树喷 50%多菌灵或 5%菌毒清 100 倍液。昆虫病原线虫灌天牛蛀道或毒签堵洞
开花期(初花期至落花期)	霉心病	初花期、盛花期各喷 1 次苹果益微 2000 倍液,可加 0.3%硼砂液
落花后(1 周)	轮纹病、落叶病、红蜘蛛	50%多菌灵 800 倍液或 70%甲基托布津 1000 倍液,或 0.2%阿维菌素 2500 倍液,或 40%硫悬浮剂 400 倍液。可加硝酸钙 300 倍液。喷药后开始套袋
落花后(20 天)	苹果黄蚜、斑点落叶病,轮纹病	EB-82 灭蚜菌 200 倍液或 25%蛾蚜灵 2000 倍液。(可从麦田收集瓢虫释放控制蚜虫)。加硝酸钙 300 倍液,或 3%多氧霉素 300 倍液或 80%大生 800 倍液
麦收前(5 月下旬至 6 月上旬)	落叶病、轮纹病、红蜘蛛、金纹细蛾	波尔多液,或中生菌素 500 倍液或 30%蛾螨灵 2000 倍液(依据天气情况,金纹细蛾、红蜘蛛数量等)

续表 1

物候期	防治对象	防治措施 *
麦收后(6月中下旬)	落叶病、红蜘蛛	波尔多液(1∶2∶200),或30%蛾螨灵2000倍液,或10%浏阳霉素1000倍液
秋梢生长期(7月上中旬)	斑点落叶病、轮纹病、金纹细蛾	3%多氧霉素300倍液,或中生菌素500倍液,或25%灭幼脲2000倍液
果实近熟期	落叶病、枝干轮纹病	12%绿乳铜600倍液,或14%络氨铜300倍液1~2次
果实采收后	腐烂病	刮治病斑涂药

* 应根据果园具体情况,结合病虫测报调整用药时期和品种

二、梨病虫害及防治

(一)常见病害及防治

目前我国梨树病害有近90种,其中发生普遍、危害较重的病害主要有黑星病、轮纹病、黑斑病、褐斑病、腐烂病、锈病等。

1. 梨褐斑病

(1)症状识别　梨褐斑病只为害叶片。病斑近圆形,褐色,后期中部灰白色,周边褐色,最外缘暗褐色。有时病斑上密生小黑点。发病严重时,每叶有病斑数个至十几个,相互连成不规则形斑块,易引起早期落叶。

(2)发生规律　病菌以分生孢子器和子囊壳在落叶病斑上越冬,翌年春产生孢子,随风雨传播,侵染叶片。在生长季病菌可多次侵染,引起发病。一般在6月份开始发病,在7~8月份天气多雨、地势低洼、树密或树势衰弱的果园发病较重,可引起早期落叶。

(3)防治方法

①农业防治：适当密植；及时清扫落叶，集中烧毁或深埋；加强肥水管理，培育壮树以提高抗病能力；雨后排水，降低果园湿度。

②药剂防治：在北方梨区，一般可结合防治梨黑星病一起兼治。在地势低洼、郁闭的果园，要注意雨季前后的防治。可喷布68.75%杜邦易保水分散粒剂1 000倍液，或20.67%万兴乳油2 000～2 500倍液，或50%苯菌灵可湿性粉剂500～600倍液，或50%多霉清可湿性粉剂900～1 200倍液。

2. 梨黑斑病

(1)症状识别　主要危害叶片、果实和新梢。叶片发病主要表现在幼嫩叶片上。先产生黑色圆形小斑点，逐渐扩展为近圆形或不规则形病斑，中心灰白色，边缘黑褐色，有时病斑微现轮纹。天气潮湿时，病斑表面遍生黑霉。发病严重时，病斑常联合成不规则形大斑。叶片凹凸不平，易早期落叶。果实受害，主要发生在日本梨和西洋梨品种上。幼果受害，果面先产生针头大小的黑色病斑，逐渐扩大为近圆形黑色病斑，表面凹陷，潮湿时遍生黑霉。后期果面容易龟裂，裂缝直达果心，在裂缝内也会产生黑霉。病果易早落。新梢受害，病斑呈不规则形，黑褐色，明显凹陷，边缘开裂，易从病斑处折断。

(2)发生规律　病菌以菌丝体在落叶、落果和新梢上越冬。展叶后越冬病菌产生孢子，随气流传播，从气孔、皮孔或直接穿透侵入，引起发病。在生长期内可多次侵染。在渤海湾地区，5月上中旬开始发病，雨季进入发病盛期，10月份病害停止。日本梨最易发病，西洋梨和中国梨较抗病，但中国梨中的雪花梨、砀山酥梨较易感病，鸭梨较抗病。

(3)防治方法

①农业防治：彻底清扫落叶、落果，剪除病梢，集中园外烧毁。加强栽培管理，增强树势。及时排除积水，降低果园湿度。果实套

袋前喷洒 68.75%杜邦易保水分散粒剂 1 000 倍液,药液干后立即套袋。

②药剂防治:对日本梨和西洋梨及中国梨的感病品种,从落叶后 10 天左右开始至雨季结束,要加强药剂防治,每隔 10~15 天喷药 1 次。发病前喷布 75%猛杀生干悬浮剂或 80%大生可湿性粉剂 600~800 倍液,或 68.75%杜邦易保水分散粒剂 1 000 倍液。初见病斑后,立即喷布 10%多抗霉素可湿性粉剂 1 000~1 500倍液,或 50%扑海因可湿性粉剂 1 000 倍液。该病容易产生抗药性,要注意交替用药。

3. 梨黑星病

(1)症状识别　梨黑星病主要为害叶片和果实,也能危害新梢、芽鳞及花序,在发病部位产生黑霉是此病的主要特征。叶片受害初期先在叶片背面主、支脉上发生长条状或星芒状黑色霉斑,严重时叶正面也产生黑色霉斑。叶柄受害产生椭圆形或长条形病斑,表面有黑霉,易使叶片早落。果实受害,幼果表面产生近圆形黑色霉斑,逐渐呈疮痂状,膨大期发病,果面产生不规则黑色霉斑,病斑逐渐凹陷,表面龟裂,病果易脱落。后期发病,在果面散生黑色霉斑,略凹陷,表皮粗糙,呈疮痂状,严重影响果品质量。

(2)发生规律　梨黑星病菌的越冬方式在不同地区或在同一地区不同气候条件下均有所不同。在渤海湾地区,在白梨系统的品种上,一般认为以菌丝在芽鳞内越冬,有的梨品种(苹果梨、南国梨)则在落叶上越冬。春季病菌产生分生孢子,随气流传播,侵染各部幼嫩组织。发病时期因气候条件不同而异。渤海湾地区发病时期在 5 月中下旬,7~8 月份进入发病盛期,在 8 月下旬至 9 月上旬,雨水适宜时,可大量危害果实。病害发生的早晚和轻重,主要取决于雨水。春雨早而多,早期发病重;夏季阴雨连绵,秋季雨水较多,后期发病较重。干旱少雨年份则病害发生较轻。果园地势低洼、栽植密度过大、树冠郁闭、通风不良等,均有利于发病。在辽宁省，京白梨、鸭梨、秋白梨、南国梨等品种发病较重；苹果梨、红梨次之；金瓜梨、麻黄梨抗病性强。

(3)防治方法

①农业防治：冬前清扫落叶，剪除病、枯枝，集中深埋或烧毁，消灭越冬菌源。冬季结合修剪，剪除病梢；在5月中下旬，及早剪除病芽梢，一并带出园外烧毁。加强栽培管理。及时铲除树下杂草，排除积水，降低果园湿度。及时下剪，以利于通风透光。结合叶面喷肥，前期喷尿素，后期喷磷酸二氢钾溶液，增强树体抗病能力。

②药剂防治：对病菌在芽鳞内越冬品种，于梨树发芽前喷布45%代森铵(施纳宁)水剂400倍液，或在芽萌动期喷布12.5%腈菌唑乳油2 000～2 500倍液，以杀死芽鳞内越冬病菌。落花后幼果期喷布75%猛杀生干悬浮剂，或80%大生可湿性粉剂600～800倍液。一旦发现病叶、病果(约在5月中下旬)喷布40%福星乳油8 000倍液，或25%腈菌唑乳油3 000～5 000倍液，或10%世高水分散粒剂3 000～5 000倍液，或12.5%烯唑醇可湿性粉剂2 000～2 500倍液。以后每隔10～15天喷药1次，一直到8月下旬至9月上旬结束。7～8月份进入雨季，可喷布68.75%杜邦易保水分散粒剂1 000～1 500倍液。多菌灵、甲基硫菌灵易产生抗药性，应停止使用。

4. 梨树腐烂病

(1)症状识别　梨树腐烂病主要为害主、侧枝，主干及小枝发病较少。病斑有溃疡型和枝枯型。

①溃疡型：发病初期病部隆起呈湿腐状，红褐色至暗褐色，用手指按压病部下陷并流出褐色汁液。病部组织松软，易撕离，有酒糟味，病斑失水干缩后凹陷，周边开裂，其上散生小黑点，树皮潮湿时，从中涌出黄色丝状孢子角。

②枝枯型：枝枯型病斑多发生于极度衰弱植株的小枝上，形

状不规则,干腐状,无明显边缘。病斑扩展迅速,很快环切极易引起树枝枯死。表面密生小黑点,潮湿时从中涌出黄色孢子角。

(2)发生规律　该病以菌丝体、分生孢子器及子囊壳在枝干病斑组织内越冬。在生长季均有病菌孢子分散传播,从各种伤口及死伤组织侵入,也能从皮孔、叶柄痕和果柄痕侵入。腐烂病菌侵染时间长,侵入途径多,树皮内普遍带菌。腐烂病菌有潜伏侵染特性,树势健壮,抗病能力强时,病菌在树皮内呈潜伏状态;当树势衰弱、抗病力下降时,潜伏病菌大量繁殖,迅速扩展,引起树皮腐烂。

(3)防治方法　因梨树腐烂病与苹果树腐烂病在病原菌特性、发生规律上基本相似,所以其防治可参照苹果树腐烂病防治方法。

(二)常见虫害及防治

梨树害虫的种类较多,由于各地区自然条件、梨树栽培管理水平的不同,梨树害虫的种类、发生和为害情况有显著的差异。

一般说来,发生比较普遍、为害比较严重的害虫有梨木虱、梨小食心虫、蚜虫类、茶翅蝽等。一般管理粗放、使用药剂少的梨园,食叶性害虫如梨星毛虫、刺蛾类、梨茎蜂、梨瘿华蛾等比较严重;在栽培管理较好、使用药剂较多的梨园,食叶性害虫和食心虫类则少见,而螨类、梨木虱、蚧类等较为突出。此外,不同的地区主要害虫的种类也不相同,如桃小食心虫以山地梨区为害严重,梨木虱、梨蝽和茶翅蝽在华北梨区较重,梨圆蚧和梨二叉蚜分布虽较普遍,但局部地区和少数梨园受害较重。

1. 梨木虱

(1)为害状　以若虫主要为害叶片,也可为害果实。若虫多在叶背为害,常分泌黏液将 2 片或几片叶粘在一起。叶片受害后叶脉扭曲,叶面皱缩,产生黑斑,严重时叶片变黑,提早脱落。为害果实的若虫分泌黏液,使果面出现霉污。

(2)发生规律　梨木虱 1 年发生 3～7 代,因气候条件不同,发生代数不同。在辽宁省西部梨区1年发生3～4代，在河北省梨区发生4～5代，在黄河故道地区发生6～7代。若虫在落叶、杂草和树皮缝隙内越冬。翌年春成虫出蛰，在小枝上爬行，梨树花芽萌动时，开始刺吸幼嫩部分的汁液。在河北省中南部梨区，成虫3月上旬开始产卵，4月中下旬为产卵高峰。若虫孵化后多在嫩叶上为害，并分泌黏液将身体包在其中。5月上旬出现第一代成虫。成虫产卵于叶片上，若虫孵化后继续为害叶片。第二代至第五代成虫发生期分别为6月上旬至7月上旬、7月上旬至8月下旬、8月上中旬和9月中下旬。世代重叠严重。

(3)防治方法

①农业防治：早春刮除树干上的老翘皮，清理果园内的枯枝落叶和杂草，消灭在此越冬的成虫。

②药剂防治：防治的关键时期是越冬成虫出蛰期。在果树发芽前喷药。常用药剂有20%氰戊菊酯乳油2 000倍液，或40.7%乐斯本乳油2 000倍液。生长期应选择低龄若虫期喷药，可以使用1.8%阿维菌素乳油5 000倍液，或20%双甲脒乳油1 500倍液等。

2. 梨茎蜂

(1)为害状　梨茎蜂俗称折梢虫。以成虫和幼虫为害梨树新梢。当新梢长至6～7厘米时，成虫用锯状产卵器将新梢顶端锯断，仅剩皮层与枝相连，不久干枯脱落，形成枝橛。成虫在断梢部位以下约1厘米处产卵于皮层组织内，外表留下明显的小黑点。幼虫在被害梢内蛀食。

(2)发生规律　梨茎蜂1年发生1代，以老熟幼虫或蛹在2年生枝条内越冬。在河北梨区，越冬幼虫于3月中旬化蛹，4月上旬出现成虫，4月下旬为成虫羽化盛期。当鸭梨新梢长到6厘米以上时，成虫开始产卵，盛花后5天左右为成虫产卵盛期。幼虫4月中下旬孵化，沿新梢髓部向下蛀食。约在5月下旬，幼虫蛀食到2

年生枝条附近,6 月中旬几乎全部蛀食到 2 年生枝条内。此时幼虫老熟,做茧休眠。

(3)防治方法 防治梨茎蜂以人工防治为主。在成虫发生期,发现有成虫产卵的新梢后,及时剪掉。剪梢部位在折断处以下 3 厘米处为宜。上年发生严重的果园,应掌握在落花后、新梢初长期,及时喷施 45%高效氯氰酯乳油 2 000 倍液,以杀灭成虫。

3. 茶翅蝽

(1)为害状 茶翅蝽俗称臭大姐。成虫和若虫均可刺吸果实,造成为害。果实被害后,被害处的组织变褐,木栓化,石细胞增多,生长缓慢,凹陷。果实多处被害,果面凹凸不平,形成“疙瘩梨”。

(2)发生规律 茶翅蝽在北方大多为 1 年发生 1 代,以成虫在屋内、墙缝、草堆、树等隐蔽处群集越冬。在华北地区,越冬成虫从 4 月下旬开始出蛰,在 5 月中下旬开始为害梨果。成虫 5 月下旬开始产卵,6 月中旬开始出现若虫,主要刺吸果实。7 月中旬开始出现成虫。成虫继续为害果实,到 9 月下旬或 10 月上旬,陆续飞往越冬场所。

(3)防治方法

①人工防治:利用成虫在屋内等处群集越冬的习性,在春季越冬成虫出蛰期和果实采收后成虫飞往越冬场所时,实行人工捕捉,予以消灭。

②药剂防治:防治的关键时期是幼果膨大初期和若虫孵化期。常用药剂有 80%敌敌畏乳油,或 50%马拉硫磷乳油 1 000 倍液,或 48%乐斯本乳油 2 000 倍液,或 20%氰戊菊酯乳油 2 000 倍液。在为害不严重的果园,在防治其他害虫时可以兼治,无须专门喷药。

4. 梨小食心虫

(1)为害状 梨小食心虫以幼虫为害果实。早期蛀果的幼虫从果实梗洼、萼洼等处蛀入,蛀孔处有虫粪排出,周围凹陷,常变黑腐烂。后期蛀果的幼虫，蛀孔较小，很快愈合。幼虫蛀果后直入果心，果面凹陷。幼虫脱果后在果面留下较大的脱果孔。

(2)发生规律　梨小食心虫在我国各地发生代数不同，均以老熟幼虫在树干基部土中、树干翘皮下、粗皮裂缝、绑缚物、枯枝落叶等隐蔽处做茧越冬。翌年春季，越冬幼虫开始化蛹、羽化。在华北地区，越冬幼虫在3月下旬至4月初化蛹，4月中下旬是成虫羽化高峰。在单植梨园，越冬代成虫和第一代成虫产卵于新梢或被梨云翅斑螟、梨象鼻虫为害的果实上。此时幼果果肉硬，幼虫不易蛀入，成活率低。第二代成虫发生期，正值果实膨大期，主要产卵于果实上，幼虫孵化后即蛀入果实，并排粪于其中。幼虫老熟后化蛹。脱果孔大而明显。第三代成虫于8月份出现，产卵于果实上，幼虫继续为害果实，到8月下旬至9月初老熟后脱果越冬。

(3)防治方法

①人工防治：避免桃—梨连片栽植，减少虫源。果实采收前，在树干上绑草绳，诱集幼虫越冬，冬季解下烧掉，可消灭在此越冬的幼虫。早春刮除树干上的翘皮，消灭在此越冬的幼虫。

②诱杀成虫：在成虫发生期，用糖醋液制成水碗诱捕器，挂在树上，每天或隔日清除虫尸。诱捕器制作方法：取红糖1份，醋2份，水20份，将三者混匀后装在碗或小盆内，用细铁丝或绳将盛有糖醋液的容器挂在树上即可。每667平方米挂2～3个。

用人工合成的梨小食心虫性外激素诱捕器可以诱杀大量成虫。制作方法：取直径15～20厘米的碗或小盆，盛满水，水里加少量洗衣粉。将性外激素诱芯悬挂于水面上方约1厘米处，即制成性外激素诱捕器。将诱捕器挂在树上，每天清晨清除虫尸，并加足水。每667平方米挂2个诱捕器即可。

③药剂防治：在华北地区梨园，防治的关键时期在7月中下旬。当糖醋液诱捕器上出现成虫高峰后2天，或性外激素诱捕器上出现成虫高峰后4天开始喷药。或在田间调查卵果率，当平均

卵果率达0.5%时开始喷药。在8月份，达到指标即喷药，一般喷药2～3次。常用药剂有30%氰马乳油2000倍液，或48%乐斯本乳油2000倍液，或20%氰戊菊酯乳油2000倍液，或4.5%高效氯氰菊酯乳油3000倍液。

(三)小 结

我国梨树病害主要有黑星病、轮纹病、黑斑病、腐烂病等。轮纹病和腐烂病的识别和防治与苹果基本相同，可参见相关内容。其中果实病害以黑星病、轮纹病为主，应重点做好防治工作。黑星病和黑斑病均可为害果实和叶片，症状区别明显。黑星病发病初期叶片正面看不到明显的病斑，仅在背面沿叶脉长出星状放射的墨绿色至黑色霉状物；而黑斑病则在叶片上产生边缘明显的近圆形黑褐色病斑。在搞好果园清洁、加强栽培管理提高树势的基础上，及时施用高效低毒的化学药剂。黑星病在落花后和果实近熟期有两个发病高峰，高温期停止扩展，应根据此时期阴雨情况，在幼叶幼果期和成果期及时喷施福星、烯唑醇等药剂。对于由轮纹病和腐烂病引起的枝干病斑，要及时刮治或涂治。对由黑星病、黑斑病和轮纹病等引起的果实腐烂最好采用果实套袋方法来预防。

为害果实的害虫主要有梨云翅斑螟(梨大食心虫)、梨小食心虫、桃蛀螟、梨黄粉蚜、梨实蜂、康氏粉蚧等。为害叶部的害虫主要有梨二叉蚜、梨木虱、梨瘿蚊、梨网蝽、茶翅蝽、黄斑蝽。为害枝干的害虫主要有桑天牛、梨圆蚧、梨茎蜂、金缘吉丁虫、梨瘿华蛾等。

生产中容易混淆的害虫是梨小食心虫、梨大食心虫和桃蛀螟，其他害虫容易识别，从幼虫形态上区别，梨小食心虫老熟幼虫枣红色，体光滑；梨大食心虫老熟幼虫灰褐色，前胸盾片黑色；桃蛀螟粉红色，身体上毛瘤明显。从为害状况上区分，梨小食心虫、桃蛀螟多在两果接触处为害，梨小食心虫在果皮下串食成虫瘢，桃蛀螟在为害处堆积虫粪，梨大食心虫多从萼凹处蛀入。从为害情况来看，梨木虱和梨小食心虫为最重要的害虫。梨木虱以成虫越冬,1年共发生4～5代,从每年3月份梨树花芽萌动开始为害产卵,防治时期以越冬成虫和落花后小若虫比较整齐时为最佳时期。梨小食心虫以老熟幼虫在树皮缝隙结茧越冬,每年发生4～5代。第一、第二代主要为害桃梢。7月份果实松脆时,开始为害梨果。防治上注意避免桃、梨混栽,难以避免时,前期注意桃园防治,从6月下旬注意监测梨小食心虫在梨果上产卵情况,及时喷药防治。其他有几种害虫以人工防治为好,如梨大食心虫、梨二叉蚜、梨瘿蚊、梨茎蜂等。另外,在靠近树林、村庄的果园,应注意椿象类的防治。

(四)主要病虫害治理措施　(见表2)

表2　梨树病虫害治理模式

时　间	防治对象	防治方法
1～2月份	腐烂病、轮纹病、梨小食心虫、梨木虱、黄粉虫	1. 剪除病虫枯枝,刮除树干粗皮和腐烂病、轮纹病病皮,集中烧毁。 2. 腐烂病斑用5%菌毒清或4%农抗120水剂30倍液涂抹。 3. 2月中旬以前喷布10%吡虫啉1000倍液,或70%艾美乐1500倍液杀灭梨木虱成虫
3月上中旬(发芽前)	轮纹病、腐烂病、黑星病、蚜虫、黄粉虫、介壳虫、卷叶壁虱、叶螨、梨木虱	1. 5%菌毒清100倍液,防治病害 2. 有介壳虫、壁虱、叶螨时,可喷布5波美度石硫合剂 3. 芽膨大时,喷10%吡虫啉2000倍液治蚜虫、梨木虱等 4. 黑星病严重园,喷布40%福星8000倍液

续表 2

时 间	防治对象	防治方法
4月中下旬(落花后)	黑星病、轮纹病、梨木虱、梨茎蜂、梨实蜂	1. 可用世高 300 倍液,或 50%多菌灵或 70%甲基托布津 800 倍液 2. 黑星病重园用 40%福星 8000 倍液或 12.5%烯唑醇 2000 倍液 3. 吡虫啉 2000 倍液,或 1.8%阿维菌素 4000 倍(与杀菌剂混用) 4. 梨实蜂发生园,落花后喷布杀灭菊酯 3000 倍液 5. 剪除黑星病梢烧毁,随时剪除梨茎蜂为害枝
5月中下旬(幼果期)	病害同上,梨大食心虫、叶螨、根腐病	1. 杀菌剂同上 2. 叶螨可用 20%螨死净 2000 倍液 3. 摘净梨大食心虫虫果烧毁 4. 根腐病树,应挖开土壤,剪去病根,用甲基托布津 400 倍液,或农抗 120 水剂 100 倍液消毒、换土、施肥浇水
5月下旬至6月上旬	病害同上,黄粉虫、介壳虫、椿象	1. 应在套袋前,喷 1 次杀虫杀菌剂,可用 10%吡虫啉 2000 倍液+80%大生或甲基托布津 800 倍液。 2. 对于椿象可使用 90%敌百虫 1000 倍或 45%马拉硫磷 1500 倍液
6月中下旬至7月上中旬	病害同上	杀菌剂同上,还可使用 700 代森锰锌,或 80%乙膦铝 700 倍液,也可使用混配药:多菌灵 800 倍液+乙膦铝 600 倍液,及 波尔多液 1:2:200,轮换使用。视天气情况 10~20 天喷布 1 次
8月上旬至9月上旬	病害同上,梨小食心虫	1. 杀菌剂同上 2. 梨小食心虫,可使用 50%杀螟松 1000 倍液,或 25%杀灭菊酯 3000 倍液。 3. 采收前喷布杀菌剂,然后进行窖藏
10~12月份	越冬病虫害	清扫落叶、烂果、杂草烧毁或深埋

三、山楂病虫害及防治

(一)山楂常见病害及防治

1. 山楂花腐病

(1)症状识别　山楂花腐病危害嫩叶及幼果,偶尔侵染新梢。在展叶4～5天后,于叶面产生褐色小斑点,很快扩展为红褐色大斑。天气潮湿时,在病斑表面产生灰白色霉状物。落花后10天左右的小幼果即可染病,果面上产生湿腐状褐色小斑点,经2～3天迅速扩展到整个果实,使幼果变褐腐烂,并溢出酒糟味的黏液,7～8天后脱落。

(2)发生规律　病菌在落地病僵果中越冬,翌年5月上中旬出现最多,5月下旬后停止发生。病菌随风雨传播。侵染期集中在展叶期和开花期。在此期间,潮湿、多雨、低湿有利于病菌侵染和病害发生。山地果园比平地果园发病重;沟谷比坡地发病重;阴坡比向阳坡发病重;晚熟品种比早熟品种发病重。

(3)防治方法

①农业防治:晚秋、初冬清除地面僵果,集中深埋。芽前土壤翻耕,将表土翻埋于15厘米以下土层,阻止产生子囊盘。

②药剂防治:芽前对树冠下土壤喷布五氯酚钠1 000倍液,或每667平方米撒施生石灰25千克,杀灭子囊盘,减少初侵染源。在半展叶期和全展叶期,喷布25%粉锈宁可湿性粉剂1 000倍液,或70%甲基硫菌灵可湿性粉剂800～1 000倍液,可有效防治叶腐病。在开花盛期喷布50%多菌灵可湿性粉剂1 000倍液,或70%甲基硫菌灵可湿性粉剂800～1 000倍液1次,可有效防治果腐病。

2. 山楂叶斑病

(1)症状识别　山楂叶斑病主要有斑点型和斑枯型,均指危害叶片。

①斑点型：叶片初期病斑近圆形，褐色，边缘清晰整齐。后期病斑变为灰色，呈不规则形，其上散生小黑点。病斑多时相连，呈不规则形大斑。病叶变黄，早期脱落。

②斑枯型：叶片病斑褐色至暗褐色，不规则。发病严重时，病斑连接成大斑，易使叶片枯焦早落。后期病斑表面散生较大的黑色小粒。

(2)发生规律　两种叶斑病菌均在落叶上越冬，翌年春当环境条件适宜时产生分生孢子，随风雨传播进行初侵染和再侵染。斑点病于6月上中旬开始发病，8月中下旬为发病盛期。斑枯病发生较晚，6月中下旬为始发期，9月中下旬达发病高峰，同时引起大量落叶。

(3)防治方法

①农业防治：秋末、初冬清扫落叶，集中深埋或烧毁，减少越冬菌源。加强栽培管理，提高树体抗病能力。

②药剂防治：自6月上旬开始，每隔15天左右喷药1次，连续喷药3～4次。发病前喷布75%猛杀生干悬浮剂600～800倍液，初见病斑时喷布50%多霉清可湿性粉剂1000倍液，或50%扑海因可湿性粉剂1000倍液。波尔多液对山楂有药害，应禁止使用。

3. 山楂白粉病

(1)症状识别　山楂白粉病危害叶片、新梢和果实。在叶片上初生褪绿斑，不久病斑上产生白色粉状物。发病严重时，叶片两面密布白粉(菌丝、分生孢子梗基和分生孢子)，病叶皱缩，卷曲，枯焦。夏末秋初，在白粉层间聚生或散生黑色小粒点(闭囊壳)。新梢被害，病部布满白粉，节间缩短，生长细弱，病重时新梢枯死。小幼果受害，多在近果柄处产生白色粉斑，逐渐扩展到果面上。受害严重的幼果向一侧弯曲，常脱落。稍大幼果受害后，白色粉斑下果皮硬化，龟裂，着色不良，呈畸形。近成熟果实发病，果面产生褐色、粗糙的病斑，对果实生长影响不大，但降低果品质量。

(2)发生规律　病菌主要在落地病叶、病果上越冬。翌年春雨后借风力进行初侵染和再侵染。在北方果区，5～6 月份为发病盛期，7～8 月份病势减缓，10 月份发病停止。一般在春季温暖干旱的年份发病严重。管理粗放、树势衰弱、植株过密等均有利于病害的发生。实生苗、幼苗发病较重，幼树及结果树发病较轻。品种间抗病程度不同，辽红、豫北红等品种较抗病，大敞口易感病。

(3)防治方法

①农业防治：秋末、初冬收集落叶，集中烧毁。及时刨除根蘖及果园周围野生山楂树，减少病菌来源。改良土壤，增施有机肥，合理密植，改善树冠通风透光条件，提高树体抗病能力。

②药剂防治：芽前喷布 3～5 波美度石硫合剂加五氯酚钠 200 倍液。在展叶期、落花后及幼果期各喷 25%粉锈宁可湿性粉剂 1 000 倍液，或 12.5%特谱唑可湿性粉剂 1 500～2 000 倍液，或 12.5%腈菌唑乳油 2 000～3 000 倍液 1 次。在苗圃地，于苗木 4 片真叶时开始喷药，每隔半个月喷药 1 次，至 7 月份为止，使用药剂及浓度同上。

(二)常见虫害及防治

1. 山楂食心虫　山楂食心虫主要是桃小食心虫，由于食物原因，发生时期较晚，应做好测报，防治可参考苹果部分。

2. 山楂花象甲

(1)为害状　俗称花苞虫。主要为害山楂和山里红。成虫和幼虫均可为害。成虫取食嫩芽、嫩叶、花蕾、花和幼果，并在花蕾上咬孔产卵，啃食幼果时，造成果面凹凸不平，生长畸形。幼虫于花蕾内咬食花蕊和子房，被害花不能正常开放。受害较重的山楂园内，花蕾脱落率可达 70%左右。

(2)发生规律　山楂花象甲1年发生1代。以成虫在树干的粗老翘皮下或树下落叶、杂草中越冬。越冬成虫从4月下旬出蛰，取食嫩芽、嫩叶，在叶表面形成“小天窗”。山里红花蕾分离期为产卵盛期。5月上旬孵化，为害花蕾、花梗、花托，造成落蕾。5月末至6月上旬幼虫在落地花蕾内化蛹。6月上旬成虫羽化。当年出现的成虫主要为害幼果。6月中下旬开始越冬。

(3)防治方法

①人工防治：及时捡拾落地花蕾，集中深埋或烧毁，消灭其中的幼虫和蛹。

②药剂防治：在成虫产卵之前，可用20%氰戊菊酯乳油3000倍液，或50%辛硫磷乳油1000倍液，或80%敌敌畏乳油2000倍液喷雾，具有很好的防效。

3. 山楂粉蝶

(1)为害状　山楂粉蝶又叫苹果粉蝶。幼虫啃食嫩芽、花蕾、花瓣和叶片。严重时可将叶片吃光，仅留叶柄。

(2)发生规律　山楂粉蝶1年发生1代，以二至三龄幼虫群集在树冠上用丝缀连叶片而成的囊状冲巢内越冬。越冬幼虫于果树发芽期出蛰，初期群集为害芽，陆续取食嫩叶、花蕾、花瓣等器官，较大后离巢分散为害。老熟幼虫于5月上中旬在枝干或杂草上化蛹。5月下旬成虫羽化。成虫羽化后不久即交尾产卵，幼虫孵化后，群居在叶面啃食上表皮和叶肉，并吐丝缀连叶片和枝条。7月中下旬陆续停止取食而越夏，接着群聚越冬。

(3)防治方法

①人工防治：结合修剪，除掉冲巢。人工摘除卵块，消灭虫源。

②药剂防治：在越冬幼虫出蛰期和夏季幼虫孵化期，用80%敌敌畏乳油1500倍液，或拟除虫菊酯类农药5000倍液喷雾，具有良好杀虫效果。

思考题：

1. 危害苹果果实的病虫害有哪些种类，如何防治桃小食心虫？

2. 如何区分几种叶螨为害，蚜螨类如何综合治理？

3. 早期落叶病有几种？如何防治早期落叶病？

4. 腐烂病应如何综合治理？

5. 梨黑星病的危害症状、发生规律有什么特点？防治要点有哪些？

6. 锈病发生规律有什么特点？简述防治方法。

7. 梨木虱的为害症状、发生规律是什么？如何进行防治？

第四章 核果类果树病虫害及防治

一、核果类病害及防治

据《中国果树病虫志》记载，桃树病害有 93 种，杏树病害有 41 种，李子病害有 45 种，其中桃褐腐病、疮痂病、炭疽病是果实重要病害。桃褐腐病在多雨年份可造成果实损失 50%以上，桃缩叶病在早春萌芽期低温多雨年份发生严重，穿孔病包括有细菌性穿孔病和真菌性穿孔病，防治技术差别很大，杏疔病是杏树的主要病害。近年来不少地方发生根癌病非常严重，造成樱桃、李子等刚进入结果期的树大量死亡，根结线虫也发生普遍，对树势、产量造成很大的潜在影响。

(一)果实病害

1. 桃褐腐病

(1)症状识别　又称菌核病。可危害桃、李、杏、樱桃等果树，危害果实损失很大，也可危害花、叶和枝条。花染病后发生褐色水渍状病斑，迅速蔓延萎蔫，腐烂后表面丛生灰霉，枯死在枝条上不落。果实从幼果期到成熟期均可发病，病菌感染果实后形成褐色圆斑，并迅速扩展及全果，使果实变褐腐烂，表面生出灰褐色霉层，有的病果干缩在枝条上不脱落。枝条被害处形成灰褐色病斑，边缘紫褐色，常发生流胶。

(2)发生规律　病菌以菌丝体在僵果、病枝上越冬，翌年可产生大量分生孢子，随风雨传播，如花期遇雨，可大量侵染花朵。早期受害部位可较快产生分生孢子，进行再侵染。病菌主要通过伤口侵入，也可经气孔、皮孔侵入，病果和健果接触也可传染。果实近成熟期阴雨高湿，发病加重。

(3)防治方法　结合冬剪，彻底清除树上病僵果、病枝，地面扫净落叶，集中深埋或烧毁。发芽前喷铲除剂，可用5波美度石硫合剂，或5%菌毒清水剂100倍液。落花后如果连续阴雨应重视防治，可喷洒50%多菌灵可湿性粉剂800倍液，或70%甲基托布津可湿性粉剂1000倍液1～2次；生长期结合其他病害防治，可喷洒80%大生800倍液，或70%代森锰锌可湿性粉剂1000倍液，或50%代森铵水剂1000倍液；降雨后喷50%多菌灵可湿性粉剂600倍液。到接近成熟期根据天气情况喷药，晴天可喷洒保护性杀菌剂，如70%代森锰锌可湿性粉剂1000倍液，或65%代森锌可湿性粉剂500倍液，雨后及时喷50%多菌灵可湿性粉剂600倍液。

2. 桃疮痂病

(1)症状识别　又称桃黑星病。可危害桃、李、杏、樱桃等果树的果实、枝条和叶片。主要危害果实。果实发病多在果梗周围的肩部，先产生绿褐色小圆斑，后呈黑褐色斑，由于病菌只在果实表皮扩展，随着果实生长，病斑呈疮痂状，严重时果实龟裂。新梢染病后初为绿褐色病斑，后变深褐色，病部隆起，常发生流胶。叶片受害后叶背出现不规则灰绿色斑，逐渐老化变为褐色或紫红色，最后病斑干枯脱落形成穿孔。

(2)发生规律　病菌以菌丝在病梢上越冬，翌年春季遇雨产生分生孢子，借风雨传播，北方在6月份开始发病，7～8月份为发病盛期，多雨年份发病较重。病菌在果实上潜伏期为40～70天，枝条上为25～45天。晚熟品种较早熟品种感病，有些油桃品种也较感病。春季多雨年份发病较重，地势低洼，排水不畅，树冠郁闭的果园发病较重。

(3)防治方法　果园不能栽植过密，保持通风透光，及时排水。清除病原，结合冬剪去除病枝，集中烧毁。发芽前喷洒5波美度石硫合剂,清除枝条上越冬病菌。前1年发病严重的果园,落花以后,喷洒12.5%特谱唑可湿性粉剂2000倍液,或50%福星乳油10000倍液1次,生长期结合防治其他病害,可喷洒70%代森锰锌可湿性粉剂800倍液,在6月份后出现症状,可及时喷洒12.5%特谱唑可湿性粉剂2000倍液,或50%福星乳油10000倍液,间隔15天左右连喷2次,可较好控制病害。

3. 桃炭疽病

(1)症状识别　主要危害桃果实,也可侵染桃枝条和叶片。果实被害处起先产生水渍状褐色斑,后逐渐扩大呈暗褐色圆形斑,稍凹陷,病斑上生黑褐色颗粒状点(分生孢子盘)组成同心轮纹状,后期病斑扩大成圆形或椭圆形,分生孢子盘变成红色或粉红色黏质颗粒状,病害严重时常造成大量落果。新梢受害出现暗褐色病斑,略凹陷。病斑蔓延后可导致枝条死亡。天气潮湿时,病斑表面可出现橘红色小点,叶片发病后呈纵筒状卷曲。

(2)发生规律　病菌以菌丝体在病枝或病果内越冬,翌年早春当日平均气温达10℃～12℃,空气相对湿度达80%以上时,病斑上开始产生分生孢子,孢子借风雨传播,落到幼果、新梢、叶片上,形成初侵染。5月中旬至6月中旬为发病盛期。病害发生和降雨密切相关,发病期间连续降雨,病菌的重复侵染使病害加重流行。树冠郁闭、偏施氮肥有利于发病。

(3)防治方法　加强栽培管理,合理施肥,及时排除果园积水,夏季及时去除直立徒长枝,改善通风透光条件。清除病原,冬季修剪时彻底剪除干枯枝和残留在树上的病僵果,集中烧毁。药剂防治,在花芽膨大期,喷洒1∶1∶160波尔多液,或5波美度石硫合剂,展叶后不能使用波尔多液。落花后,及时喷洒杀菌剂,可用70%甲基托布津可湿性粉剂1000倍液,或50%多菌灵可湿性粉剂800倍液,或40%炭特灵可湿性粉剂600倍液,或75%百菌清可湿性粉剂1000倍液。根据天气情况,可间隔10～15天喷药1

次，注意不同药剂的轮换使用。

(二)叶部病害

1. 桃细菌性穿孔病

(1)症状识别 桃细菌性穿孔病为细菌引起的病害，以危害桃、李、杏、樱桃等果树叶片为主，也可危害果实和新梢。叶片感病后，初在叶背产生淡褐色水渍状小圆斑，不久病斑呈现在叶正面，并逐渐扩大为不规则形，直径2毫米左右，紫褐色或红褐色，病斑周围有黄绿色晕。以后病斑干枯脱落，形成穿孔。受害严重时，数个病斑相连形成大孔洞。果实感病初期产生水渍状斑，然后病部逐渐变褐色或紫褐色，稍凹陷，湿度大时产生黄色黏液。到后期果实病斑周缘发生龟裂，多在果实顶部发生。

(2)发生规律 病菌在被害枝梢的病组织中越冬，翌年在病部继续危害，并产生大量细菌，借风雨、昆虫传播，细菌经气孔、皮孔侵入。幼嫩组织易于感病，该病春、秋两季发展较快，夏季发展较慢，气候温暖，多雨高湿有利于病害流行。

(3)防治方法 结合冬剪，剪除病枝，集中烧毁，消灭越冬病原。发芽前喷洒5波美度石硫合剂，铲除树体病原。落花后喷洒72%农用链霉素可溶性粉剂3000倍液，也可间隔7～10天喷洒1次硫酸锌石灰液，其配方为硫酸锌∶消石灰∶水＝1∶4∶240。

2. 桃缩叶病

(1)症状识别 桃缩叶病为真菌引起的病害，主要危害叶片，严重时也可危害新梢、幼果和花。桃树发芽后即表现病害症状，被害叶片卷曲皱缩，叶肉肥厚质脆，初呈淡绿色，常有部分变黄或红色，后呈红褐色。春末夏初，病叶表面出现一层银白色粉状物，即病菌的子囊层，病叶渐变褐色干枯脱落。

(2)发生规律 此病菌多以孢子附着在芽上、鳞片缝隙内越冬，翌年春季桃树展叶时，孢子发芽侵入嫩叶，菌丝在表皮细胞下和栅栏组织的细胞间隙蔓延,刺激中层细胞分裂,致使细胞壁加厚,病叶肥厚皱缩卷曲。夏季高温不利于病菌越夏,春季低温多湿有利于此病发生,而早春温暖干旱发病较轻。

(3)防治方法　早春桃芽膨大开裂前,喷洒5波美度石硫合剂,或45%晶体石硫合剂30倍液,也可喷洒160倍等量式波尔多液,落花后不能使用波尔多液,否则会出现严重药害。病害发生期及时摘除病梢,减少病原。

3. 桃白粉病

(1)症状识别　桃白粉病危害桃、李、杏、樱桃等果树。主要危害叶片和新梢,有时也为害果实。在叶片和幼果上发病,初期呈圆形白色小霉斑,后病斑扩大相互融合,上生白色粉状物,为病菌的分生孢子丛,病叶严重时稍卷曲。深秋后病叶的正反面显现黑色小颗粒体,是病菌的闭囊壳。病梢节间缩短,并有膨胀现象。

(2)发生规律　病菌以闭囊壳在落叶上越冬,在温暖地带也可以菌丝或分生孢子在病组织上越冬。在6月间开始发生,7月份逐渐显著,秋季最多。温暖干燥的季节适于此菌的生长,大都发生在夏季干旱以后。

(3)防治方法　发病初期剪除病梢,防止扩散传染。在田间很少专门喷药防治,一般结合防治其他病害可以兼治,专项防治时,可用12.5%烯唑醇可湿性粉剂2 000倍液,或20%三唑酮可湿性粉剂2 000倍液喷雾,喷洒70%甲基托布津可湿性粉剂800倍液也可兼治。

4. 桃花叶病

(1)症状识别　桃花叶病是一种病毒引起的病害。发病叶片起初产生不太明显的褪绿黄化斑,严重时叶片上产生形状不规则的褪绿斑。叶片表面黄绿相间,有的叶片叶脉也变黄。树势衰弱,显得树体老化,对产量有一定影响。

(2)发生规律　病毒是系统性侵染的病害,一旦感染发病,以后连年如此。有的最初在1个枝上发病，可能是经过传染得病，而多数是全株发病，一般为苗木带病。

(3)防治方法 培育无病毒苗木，通过室内组织培养脱毒，获得无病毒苗木。在嫁接苗木时，特别注意从优质无病毒的母株上采集接穗。田间发现病株，可及时刨除。

5. 李黑斑病

(1)症状识别 李黑斑病是李树的重要病害，危害果实、叶片和小枝，是一种细菌性病害。果实发病初期发生水渍状褐色小斑，后逐渐扩展变成紫褐色圆形病斑，稍凹陷，湿度大时可出现黄色黏液，内有大量细菌，近成熟时产生裂纹。叶片受害产生紫褐色圆形病斑，病斑周围有淡黄色晕圈，后期脱落造成穿孔。新梢受害，产生水渍状暗绿色病斑，病斑环绕一周时枝条枯死。

(2)发生规律 病原菌在植物组织或芽鳞内越冬。靠昆虫和风雨传播，强风大雨有利于病害流行，树势衰弱通风不良容易发病。

(3)防治方法 李树发芽前喷5波美度石硫合剂。发病初期喷72%农用链霉素可溶性粉剂7000倍液，或0.3波美度石硫合剂，或65%代森锌可湿性粉剂600倍液。

6. 樱桃穿孔性褐斑病

(1)症状识别 樱桃穿孔性褐斑病主要危害樱桃的叶片。在樱桃叶片上发生褐色圆形病斑，大小不一。初期病部出现水渍状，后变褐干枯，生黑色小粒点，而后病部脱落，可造成叶片穿孔，引起早期落叶。

(2)发生规律 以子囊壳在病叶上越冬。每年5～6月份发生，7～9月份发展最快。干旱年份轻，多雨年份发生严重。

(3)防治方法 在病菌发生期5～9月间喷施杀菌剂，视情况而定，严重时每半个月喷施1次，可用50%多菌灵600倍液，或70%代森锰锌可湿性粉剂1000倍液，注意杀菌剂轮换使用。

7. 杏疔病

(1)症状识别　属真菌性病害,又称杏黄病。危害杏树的新梢、叶片,也危害花和果实。发病新梢生长停滞,节间短,病枝上叶片增厚4～5倍,叶丛生而肥厚,叶片初显暗红色,后变杏黄或赤黄色,病叶上散生颗粒状突起(即分生孢子器),遇雨或高湿,分生孢子器内涌出大量橘红色黏液,内含有大量性孢子。大量病叶丛生,增厚变黄,略呈绣球状,很远即可发现。晚秋叶干枯在枝上变为红褐色不脱落。病枝多干枯死亡。果实发病停止生长,果面生黄色病斑,病斑上产生红褐色小粒点。

(2)发生规律　以子囊壳在病叶内越冬,春季从子囊中放出子囊孢子,借风雨传播到幼芽上,条件适宜则萌发侵染,5月份出现病枝,10月份变褐色,冬季变黑褐色,产生子囊壳越冬。每年发生1次。

(3)防治方法　剪病枝消灭菌源,每年5月份进行。发生量大的果园在发芽抽梢期喷50%多菌灵可湿性粉剂600倍液,或70%甲基托布津可湿性粉剂800倍液,或20%粉锈宁可湿性粉剂2000倍液。

8. 李红点病

(1)症状识别　李红点病为真菌引起的病害,可危害果实和叶片。主要危害叶片,也可危害果实,叶片受害初生橙黄色圆斑,病斑稍隆起,后病叶渐变厚,颜色加深,其上密生暗红色小粒点,秋末病叶变为深红色,叶片卷曲,叶面下陷,叶背突起,严重时引起落叶,果实染病,果面产生稍隆起橙红色病斑,后期变为暗红色,其上分布许多深红色粒点,病果常畸形,提早脱落。

(2)发生规律　病菌以子囊壳在病叶上越冬,翌年春开花后产生子囊孢子,降雨后随风雨传播,多雨年份发生严重。

(3)防治方法　清除菌源,冬季彻底清除病叶、病果集中深埋,减少初侵染源。加强肥水管理,及时排除果园积水,降低果园湿度,合理修剪,改善果园通风透光条件。开花前,用1∶1∶100倍量式波尔多液清除病原，落花后喷洒 12.5%烯唑醇可湿性粉剂 2 000倍液，或 70%代森锰锌可湿性粉剂 1 000 倍液。

（三）枝干病害

1. 桃树侵染性流胶病

（1）症状识别　侵染性流胶病由真菌引起，主要危害主干，大枝。枝干受害先微隆起，然后有胶液流出，枝条被害处表面变的粗糙发黑，其上产生小黑点。

（2）发生规律　病菌以菌丝体和分生孢子器在被害枝条上越冬，翌年春天降雨后，从病部溢出大量病菌，随风雨传播，从皮孔、伤口侵入。

（3）防治方法　结合冬剪，清除被害枝条，减少初侵染源；冬季刮除流胶处粗皮，用 5%菌毒清水剂 30 倍液涂抹。增施有机肥，增强树势，提高树体抗病力。药剂防治，在桃树生长期喷洒 50%多菌灵可湿性粉剂 800 倍液，或 70%甲基托布津可湿性粉剂 1 000 倍液。

2. 桃树非侵染性流胶病

（1）症状识别　桃树非侵染性流胶病，可危害桃、李、杏、樱桃等果树，主要发生在主干、大枝上。在桃树的树皮伤口、裂缝、剪口、钻蛀性害虫为害孔及芽基处开始流出乳白色胶液，尤其雨后易出现流胶，逐渐固化变为黄褐色。

（2）发生规律　引起流胶的因素很多，冻伤易引起流胶，特别是到深秋，大枝西南面白天受太阳直射，受热膨胀，夜晚降温收缩，引起皮下组织损伤，春天树液流动后局部发生肿胀，破裂后出现流胶；另外，秋后多雨易引起流胶，土壤黏重、地面积水易产生流胶，虫害、剪锯口及其他伤口也会引起流胶。

（3）防治方法　注意消灭枝干病虫害，防止如小蠹虫、叶蝉等伤害。秋季树干、大枝涂白，防止发生冻害，涂白剂的配制为：豆浆黏着剂∶食盐∶生石灰∶水＝1∶4∶25∶70。注意改良土壤，增施有机肥，防止土壤板结，及时排水。冬季修剪后，及时用清漆封闭剪、锯口，防止水分蒸发和病菌侵入。

3. 桃干腐烂病

（1）症状识别　也称枝枯病、腐烂病，可危害桃、李、杏、樱桃等果树，主要发生在主干、大枝上。桃干腐烂病主要危害主干和大枝，使树皮腐烂，严重时大枝或整株死亡。前期症状不太明显，发病部位起先树皮颜色变成红褐色稍凹陷，在病部会溢出水珠状黄褐色汁液，最后变成紫褐色干枯，病变组织呈黄褐色，有酒糟味。

（2）发生规律　腐烂病是一种弱寄生菌，主要从伤口侵入，当树势衰弱，抵抗力不强时易发病。由于霜冻，日夜温差变化大，使树皮受热不均，产生伤口易感染腐烂病。腐烂病的发生与扩展多在深秋和早春。

（3）防治方法　培育壮树，提高树体抗病力，注意营养平衡，不偏施氮肥。落叶后对主干、大枝及时刷涂白剂，防止冻害。发现病斑及时刮治，刮除病组织后用5%菌毒清10倍液，或843康复剂原液涂抹病斑。

4. 大樱桃溃疡病

（1）症状识别　属细菌性病害，是检疫性病害。主要危害樱桃枝干，严重时可引起枝条枯死或整株死亡。枝干染病后树皮变褐色，局部隆起，然后开裂，并被树脂所覆盖。在潮湿环境下病皮膨胀并渗出黏液，散发出特有的发酵液气味，病皮到后期失水凹陷。

（2）发生规律　细菌可通过风雨、昆虫、嫁接、苗木、接穗传播，细菌从机械伤口或其他损伤处侵入。发病后树皮微隆起，在潮湿的条件下渗出黏液，韧皮部坏死后可深达木质部，使木质部腐朽形成空洞。在树干上有病疤的一侧生长缓慢，往往使树冠形成偏冠。病斑围绕枝干一周后引起死亡。

（3）防治方法　加强检疫，在引入苗木、接穗时注意检查。入秋后在大枝、主干上涂白，发芽前喷洒硫酸铜：石灰：水＝1：1：100倍液的铲除剂预防。发现枝干染病后，及时刮除病斑，用5%菌毒清水剂30倍液涂抹，或5波美度石硫合剂涂抹，然后伤口用清漆封闭。

(四)根部病害

1. 桃根癌病

(1)症状识别　属细菌性病害，是桃树根部的主要病害，分布面很广，危害桃、李、杏、樱桃、苹果、梨、葡萄等多种果树。根癌病多发生在根颈部，少数发生在侧根上，发病处肿大呈瘤状，瘤状物略成球形，大小不一。初生瘤乳白色，渐变浅褐色至深褐色，表面粗糙不平。鲜瘤切开横剖面，核心处坚硬木质化，乳白色，其外由瘤皮包裹。地上部分生长缓慢，早衰，对产量、品质影响很大。

(2)发生规律　病菌在土壤中越冬，通过伤口侵入树体。细菌侵入伤口后刺激组织局部细胞加速分裂，形成肿瘤。

(3)防治方法　一是购苗时仔细检查苗木，发现病苗挑出销毁。在定植前，用土壤农杆菌K84稀释3倍后浸根，也可用1%硫酸铜溶液浸根5分钟，然后再栽植。二是注意防治地下害虫，根颈部避免造成伤口。发现病株及时拔除销毁，坑穴土壤用1%硫酸铜溶液消毒。

2. 桃根结线虫病

(1)症状识别　桃根结线虫病是受根结线虫危害而表现的一种病症，此线虫可危害多种果树和多种农作物。受桃根结线虫危害严重的植株树势衰弱，新梢生长不良，果小而少。挖出根部可见细根上有小瘤，仔细观察毛细根，有些顶端出现肿大。严重时呈鸡爪根。

(2)发生规律　根结线虫可以各种虫态越冬，但以二龄幼虫为多。幼虫从根尖侵入根部，固定在输导组织上吸食汁液，夏天雌成虫开始产卵。根结线虫随苗木远途传播,园内浇水可近距离扩散。一般在砂土、砂壤土果园发生较重。

(3)防治方法

①苗木检疫:在定植果园时要选择无根结线虫苗木。为防治可能已感染的少量线虫,可用1.8%阿维菌素乳油2 000倍液浸根5分钟后再定植。

②药剂防治:幼龄果园发现线虫危害,春季可用药剂灌根,顺树行做畦灌药,或在树冠外围挖环状沟灌药,用药种类有DD混剂每667平方米15～20千克,40%克线磷乳油每667平方米2.5升,1.8%阿维菌素乳油每667平方米0.6～1千克,施药后用地膜覆盖,或用3%米乐尔颗粒剂4千克/667平方米沟施,然后覆土浇水。

二、核果类虫害及防治

据《中国果树志》记载,桃有害虫463种,李子有害虫306种,杏有害虫239种,樱桃有害虫250种,蛀果类害虫主要有桃蛀螟、梨小食心虫,而桃小食心虫在早熟桃区并不普遍,李实蜂是李子重要的蛀果害虫,疏于管理可能会造成绝收的局面。此外,李小食心虫、杏仁蜂在局部地区也会严重影响产量。为害叶片的害虫以蚜虫、红蜘蛛最为严重,桃潜叶蛾在某些年份会大发生造成落叶,近年桃粉蚜有上升趋势,叶蝉类是生长季后期的主要害虫。枝干害虫以红颈天牛为害性最大,对成龄果园造成毁灭性危害,此外还发生有多种介壳虫,其中桑白蚧发生普遍,朝鲜球坚蚧、东方盔蚧在局部为害严重。

(一)果实虫害

1. 茶翅蝽

(1)为害状　分布面积很广,为害苹果,梨,桃,杏,李,樱桃,山楂，核桃等多种果树的果实和叶片。以成虫、若虫刺吸果实、嫩梢汁液，桃果受害后被刺处流胶，果肉局部木栓化，果实生长畸形，成“猴头果”。桃树梢受害后，中午萎蔫。桃树、梨树受害最重。

(2)发生规律　茶翅蝽每年发生1～2代，以成虫在土石缝、房屋墙缝、草堆等处越冬。4月上旬开始出蛰活动，5月上中旬大量出蛰扩散，由于越冬环境复杂，成虫出蛰期非常不整齐，成虫出蛰后飞到果园、林木和农田为害。麦收期间为产卵盛期，卵产于叶的背面，卵期6～9天，卵孵化后，若虫开始聚集在卵壳附近，到二龄末期才分散为害，若虫喜欢在刺槐嫩枝上集中为害，有时可见到几十个大若虫爬在一根枝条上，若虫期一般在60天以上。果园一般外围受害较重，说明外面迁移虫源不可忽视。

(3)防治方法　秋季成虫将进入越冬时诱杀，可在果园周围搭盖秸秆草棚，可诱集大量成虫，天冷时集中处理。靠近村庄、房屋的果园，在成虫出蛰期要注意防治，可用45%马拉硫磷乳油1 000倍液喷雾。麦收后及时检查卵孵化情况，在大部分卵孵化后可用50%马拉硫磷乳油1 500倍液、80%敌敌畏乳油1 500倍液混加2.5%敌杀死乳油3 000倍液，或5%功夫乳油3 000倍液喷雾。周围有防护林时，最好一起喷药。

2. 黄斑椿象

(1)为害状　又名麻皮蝽、臭板虫。分布广泛，可为害苹果、梨、桃、杏、李、樱桃、山楂、核桃等多种果树的叶片和果实。以成虫、若虫刺吸果实、嫩梢汁液，桃果受害后被刺处流胶，果肉局部木栓化，果实生长畸形，成“猴头果”。桃梢受害后，中午萎蔫。桃树、梨树受害最重。

(2)发生规律　黄斑椿象每年发生1代，以成虫在土石缝、房屋墙缝、草堆等处越冬。5月上旬开始出蛰，飞到果园、林木和农田为害。麦收期间为产卵盛期，卵常12粒整齐排列三行成块。卵孵化后，若虫开始聚集在卵壳附近，过一段时间后才分散为害。

(3)防治方法　秋季成虫将进入越冬时诱杀,可在果园周围搭盖秸秆草棚,诱集大量成虫,天冷时集中处理。靠近村庄、房屋的果园,在成虫出蛰期要注意防治,可用50%马拉硫磷乳油1 000倍液喷雾。麦收后及时检查卵孵化情况,在大部分卵孵化后可用80%敌敌畏乳油1 500倍液混加2.5%敌杀死乳油3 000倍液,或5%功夫乳油3 000倍液喷雾。周围有防护林时,最好一起喷药。

3. 梨小食心虫

(1)为害状　俗称"梨小"。分布广泛,可为害苹果、梨、桃、樱桃、杏、李等多种果树。以幼虫蛀食桃树梢和钻蛀果实,是桃树、樱桃、梨的主要害虫之一。为害桃树、樱桃树嫩梢时,中午新梢顶部出现萎蔫,仔细观察在叶柄基部有虫粪,过几天后新梢顶部干枯死亡,对樱桃树、桃树的幼树生长扩冠影响很大。为害果实时,幼虫多从梗凹、两果相接处蛀入,蛀入后先在果皮下取食,排出的虫粪比桃蛀螟的细,虫体较大后再蛀入果心,当果实近成熟时,幼虫多直接蛀达果心,果面不易发现蛀孔,幼虫老熟后脱果孔如火柴头大小。

(2)发生规律　每年发生4～5代,以老熟幼虫在树的老翘皮下做茧越冬,少数在树冠下土壤中越冬。黄河故道地区3月份化蛹,4月中旬为羽化高峰期,第一至第二代发生高峰间隔45天左右,第二至第三代发生高峰间隔约35天,以后基本每月1代。前期喜欢为害桃树梢,后期喜欢为害梨、苹果果实,也为害桃果。前期卵多产在新梢顶端以下第五、第六片叶的背面,卵孵化后幼虫从叶柄基部蛀入嫩梢,蛀孔处有虫粪,待梢枯黄流胶时,虫已转梢。每头幼虫可为害2～3个嫩梢。幼虫为害果实多从两果相接处蛀入,也有部分从果柄处蛀入,前期小幼虫先在果皮下蛀食,并排除虫粪,幼虫稍大后再蛀入果心,果实近熟时幼虫可直接蛀入果心。

(3)防治方法　尽量避免桃、梨混栽,防止造成适宜的繁殖条件。诱集成虫，在前期可用性诱剂加糖醋液诱杀成虫，也可用性诱剂加农药制成诱杀器，每公顷225个左右控制为害。喷药防治，用性诱剂诱捕器测报成虫发生高峰期，按1个/公顷诱捕器测报，当平均每天诱蛾达50头/碗左右时，每3天查1次卵，卵梢率达1%时开始喷药，可用20%杀灭菊酯乳油2 500倍液，2.5%溴氰菊酯乳油2 500倍液，或10%氯氰菊酯乳油1 000～1 500倍液喷雾，需要结合防治红蜘蛛时，可用20%灭扫利乳油或2.5%功夫乳油2 500倍液喷雾。

4. 桃蛀螟

(1)为害状　又名桃蛀虫。分布广泛，为害桃、石榴、栗、杏、李、梅、山楂等多种果树及向日葵、玉米、高粱等多种农作物及林木的果实和种子。多在果面相接处、果梗处为害，排出的虫粪黏结在果面蛀孔附近，严重影响产量和品质。

(2)发生规律　桃蛀螟每年发生3～4代，以老熟幼虫在树皮缝、向日葵花盘、玉米秸秆内越冬。翌年麦收前20天左右成虫开始羽化，麦收前10天左右进入产卵高峰期，卵期约1周，幼虫期15～20天，蛹期8天左右。

(3)防治方法　冬季及时处理向日葵、玉米秸等作物遗株，消灭越冬虫源。及时摘除虫果和捡拾落果，减少再次为害虫源。在5月上旬开始用性诱剂测报成虫发生高峰期，并结合查卵，当卵果率达1%时，及时喷药防治，可用50%杀螟松乳油1 000倍液，75%拉维因可湿性粉剂1 000倍液，或20%杀灭菊酯乳油2 500倍液喷雾，当需要同时防治食心虫和红蜘蛛时，可改为20%灭扫利乳油2 000倍液，或10%联苯菊酯乳油4 000～5 000倍液，或2.5%功夫乳油2 500倍液喷雾。在没有性诱剂测报的条件下，前1年发生严重时，可在麦收前10天、麦收时连喷2次上述药剂，发生较轻时，可在麦收前1周喷1次药即可。第二代发生高峰期和第一代间隔35天左右，最好结合查卵适时进行防治。

5. 桃　虎

(1)为害状　又名桃虎象甲,主要为害桃,也可为害李、杏等果树。成虫蛀食幼果,果面受害凹凸不平并流胶,严重时造成大量落果。幼虫在果内蛀食,使果实干腐落果。

(2)发生规律　桃虎每年发生1代,主要以成虫在土中越冬,也有少量以幼虫越冬。翌年春季桃树发芽时出土上树为害,成虫出土期不一致,主要为害期在3～6月份,在幼果期为害最为严重,发生严重时造成大量落果。成虫怕阳光,常藏匿在枝条茂密处,成虫主要为害幼果,也为害花萼、嫩芽,为害幼果时,以头管伸入果内取食果肉。产卵时成虫以口吻在果面咬一小孔,产卵于孔中,通常一孔产1粒卵。卵孵化后即蛀入果肉取食,1个果内可有多个幼虫为害,幼虫老熟后从果中脱出,潜入土中化蛹。

(3)防治方法　成虫出土期地面药剂处理,毒杀出土成虫,在初花期树盘地面喷洒40%毒死蜱乳油300倍液,每667平方米用40%毒死蜱乳油0.5千克,与表土混匀。利用成虫假死性人工捕捉成虫,在早晨露水未干时,树盘下铺塑料布,振动树枝,集中收集处理。可在成虫盛发期喷洒20%氰戊菊酯乳油2 500倍液,或2.5%功夫乳油2 500倍液。及时捡拾地上落果,及时摘除树上虫果,集中处理。

6. 李小食心虫

(1)为害状　可为害李、杏、桃、樱桃等多种果树。以幼虫蛀果为害,蛀果前常在果面上吐丝结网,在网下啃食果皮,然后蛀食果肉,果实受害后发生流胶,过一段时间果实变为红色,导致提前落果。

(2)发生规律　每年发生2～3代,以老熟幼虫越冬,大部分在树干周围0.5米范围内的表土层或石块下结茧,也有少量在树皮下结茧越冬。成虫在李树落花后羽化,成虫具有趋化性和趋光性,白天藏匿,黄昏时候进行交尾产卵,卵多产在果面上,卵期1周左右，第一代幼虫开始为害，幼虫直接蛀入果实，可转移为害2～3个果实，幼虫老熟后爬到树皮下，或在地表结茧化蛹，到第二至第三代发生期幼虫不再转果为害。

(3)防治方法　在越冬代成虫羽化前地面撒药，使用40%辛硫磷乳油或40%毒死蜱乳油300倍液在树盘下喷雾，每667平方米使用制剂0.5千克，喷药后用铁耙把表土和药搅匀。成虫发生期树上喷药，可使用20%氰戊菊酯乳油2000倍液，或4.5%高效氯氰菊酯乳油1500倍液，或40%毒死蜱乳油2000倍液。利用成虫的趋光性和趋化性进行诱杀，成虫发生期在果园每3公顷挂1盏黑光灯，在越冬代成虫发生期利用糖醋液诱杀。

7. 李实蜂

(1)为害状　分布较广，以幼虫为害李树幼果，蛀食果肉和果核，果内堆满虫粪。在果面上有一针眼大小的黑色蛀果孔。当果实长到黄豆粒大小时停止生长，但不立即脱落，直至幼虫老熟后，咬一脱果孔脱果一段时间后，幼果才开始脱落。

(2)发生规律　每年发生1代，以老熟幼虫在10厘米深的土层中或土面裂缝中越冬。翌年3月份李树萌芽时化蛹，在李树开花期间成虫羽化出土。随后成虫交尾产卵。卵多产于花托和花萼的表皮下组织内。幼虫孵化后咬破花托表皮，向上爬行再蛀入子房，大多从顶部蛀入。随着幼果生长，幼虫在果内蛀食果核和果肉，虫粪堆积在果内。幼虫不转移为害，老熟后脱果钻入土中，极少有从被害落地的果子中脱果入土。随后在土中结一长椭圆形茧越夏、越冬。

(3)防治方法　开春深翻土层，减少越冬虫源。在成虫发生期喷药。可用2.5%敌杀死乳油2000倍液，或5%功夫乳油3000倍液，或5%来福灵乳油2500倍液喷雾。在成虫出土或幼虫脱果入土期，可先清除树盘下杂草，然后在树盘下喷施40%辛硫磷乳油300倍液，或40%毒死蜱乳油300倍液，然后将药剂和表土混匀，每667平方米用药0.5千克，也可在树盘下用3%嘧啶氧磷颗粒剂每667平方米撒施6千克，撒后用铁耙将药混入土中。

8. 白星花金龟子

（1）为害状　俗称纺花妞。为害苹果、梨、桃、杏、李、樱桃、葡萄等果树及玉米等大田作物。以成虫啃食成熟的果实，使其失去商品价值。

（2）发生规律　白星花金龟子每年发生1代，以幼虫在土壤、有机肥中越冬，鸡粪中易生该种金龟子，成虫在6～9月份羽化，飞到果园喜欢聚集为害成熟的果实。成虫对糖醋液有趋性，7月份成虫寻找适宜场所产卵。

（3）防治方法　在使用有机肥，特别是鸡粪时，应先进行药剂处理，50%辛硫磷乳油300倍液对有机肥喷雾，边喷雾边翻搅，然后粪堆表面封土发酵腐熟，消灭粪中幼虫。成虫为害时，也可喷药防治，使用2.5%功夫乳油2 000倍液，或80%敌敌畏乳油1 000倍液喷雾。在成虫发生期诱杀，可用糖∶醋∶水＝1∶4∶16按比例配成糖醋液，挂于田间诱集成虫。果实套袋，在果实生理落果期过后，用纸袋或塑料袋对果实套袋，可防治多种病虫害。

9. 桃象鼻虫

（1）为害状　桃象鼻虫分布较广泛，为害桃、杏、李、梅、樱桃、苹果、梨等多种果树。成虫食芽、嫩枝、花、果实。成虫产卵时先咬伤果柄造成大量落果。幼虫在果内蛀食。

（2）发生规律　每年发生1代，主要以成虫在土中越冬，桃树发芽后，出土上树为害，出土时间不集中，3～6月份为主要为害期。成虫产卵时，在幼果上咬一小孔，产卵其中，幼虫孵化后蛀入果内为害。幼虫老熟后落入土中化蛹。

（3）防治方法　捕捉成虫，在早上低温时，树下铺塑料膜振树收集成虫，在成虫出土前进行地面施药，树下喷洒50%辛硫磷乳油200倍液，喷后把药搅入土中。成虫盛发期喷洒50%辛硫磷乳油1 500倍液。

(二)叶部虫害

1. 苹小卷叶蛾

(1)为害状　苹小卷叶蛾可为害苹果、桃、杏、李、梨、梅、樱桃等多种果树。幼虫吐丝将嫩叶缀合为害,或将叶贴在果实上啃食果皮。

(2)发生规律　苹小卷叶蛾每年发生3～4代,以低龄幼虫吐丝结薄茧在树皮下、剪锯口处越冬。桃花芽开绽时,越冬幼虫开始出蛰为害,先取食嫩芽、花蕾,展叶后开始吐丝缀叶为害。6月份以前多为害叶片,6月份后为害果实增多。成虫有趋光性,对糖醋液也有较强的趋性。

(3)防治方法　发芽前用80%敌敌畏乳油100倍液刷老剪锯口,杀灭越冬幼虫。成虫发生期可在果园挂糖醋液诱杀,也可在各代成虫产卵期释放赤眼蜂,一般情况下不用专门喷药防治。为害严重时,可在成虫发生期喷洒52.5%农地乐乳油2 000倍液,或20%氰戊菊酯乳油2 000倍液,或20%杀虫畏乳油500～1 000倍液,喷药时间掌握在成虫产卵期。在卵孵化期可喷洒20%虫酰肼悬浮剂2 000倍液,效果良好。

2. 黑星麦蛾

(1)为害状　又名黑星卷叶蛾。为害桃、李、杏、樱桃、苹果、梨等果树。以幼虫食叶为害,吐丝将数片叶纵卷成圆筒形,在其内将叶肉吃光留下网状叶脉。

(2)发生规律　每年3～4代,以蛹在树下杂草内越冬。春季果树萌芽时羽化为成虫,产卵于枝梢顶部叶的叶柄处。4月上中旬卵孵化为幼虫,幼虫取食嫩叶,稍大的幼虫吐丝将新梢顶部的数片叶纵卷成筒形,常群居食叶为害,啃食叶肉留下表皮和网状叶脉。幼虫老熟后于5月份在被害叶内结茧化蛹。其后还会发生2～3代,有世代重叠现象。

(3)防治方法　清除落叶和杂草,消灭越冬虫源。越冬代及第一代幼虫发生期剪除受害梢。一般情况下不用专门喷药防治。为害严重时,可在成虫发生期喷洒52.5%农地乐乳油2 000倍液,或20%氰戊菊酯乳油2 000倍液,或20%杀虫畏乳油500～1 000倍液,喷药时间掌握在成虫产卵期。

3. 桃白条紫斑螟

(1)为害状　以幼虫为害桃、李、杏、梅、樱桃等果树。幼虫吐丝拉网成巢,常数头群集巢内取食叶片,对新梢生长影响较大。

(2)发生规律　每年发生2～3代,在树冠下表土中结茧化蛹越冬,5月上旬开始羽化成虫,前期由于防治蚜虫、食心虫喷药,田间很少见到为害。早熟桃采收以后,为害逐渐加重,幼虫发生期很不整齐,在1个梢上可见到多龄态幼虫共生。幼虫老熟后入土结茧化蛹。

(3)防治方法　春季越冬幼虫羽化前,翻树盘消灭越冬蛹。幼虫发生期喷药防治,可用25%灭幼脲悬浮剂2 000倍液混加20%杀灭菊酯乳油10 000倍液喷雾,或用B. t乳剂(1亿国际单位/克)300倍液喷雾。

4. 桃潜叶蛾

(1)为害状　桃潜叶蛾分布广泛,为害桃、杏、李、樱桃等果树。以幼虫潜入叶内为害,在表皮下取食叶肉,不破坏上表皮,随幼虫蛀食,留下弯弯曲曲的虫道。虫量大时,叶面虫道交错,最后使叶片失去营养干枯脱落。

(2)发生规律　桃潜叶蛾每年发生7～8代,在落叶中以蛹在茧内越冬。翌年桃树展叶后成虫开始羽化产卵,幼虫孵化后在叶肉里取食,幼虫老熟后从叶下表皮钻出,在叶背面结白色茧化蛹,两端用丝粘在叶上。

(3)防治方法　冬季彻底清除落叶,消灭越冬蛹。在麦收前,可结合防治红蜘蛛,喷洒30%蛾螨灵可湿性粉剂2 000倍液,麦收后再喷1次，两种害虫均可得到控制。单独防治时在成虫发生期喷药，可用25％灭幼脲3号悬浮剂2000倍液，或20％杀铃脲乳油8000倍液喷雾，喷药时间要在发生前期进行，为害严重时再喷药既浪费药，效果也不好。

5. 小绿叶蝉

(1)为害状　分布面很广，可为害桃、杏、李、樱桃、苹果、梨、山楂、葡萄等多种果树。以成虫、若虫吸食叶、嫩梢汁液，喜在叶背面群集为害，被害叶面初期出现黄白色斑点，严重时叶片苍白早落。

(2)发生规律　小绿叶蝉每年发生4～6代，以成虫在落叶、杂草丛中越冬，翌年桃树发芽后成虫出蛰，经取食后产卵，卵多产在新梢或叶片主脉里，一般前期发生不多，8月份后为害加重。

(3)防治方法　成虫出蛰前彻底清除杂草、落叶，减少越冬虫源。在为害前期喷药防治，可用10％吡虫啉可湿性粉剂6000倍液喷雾，或20％叶蝉散乳油800倍液喷雾。

6. 桃　蚜

(1)为害状　又称桃赤蚜、烟蚜。分布广泛，全国各地均有发生。主要为害桃树，也为害杏、李、梅、樱桃、梨、柑橘等多种果树以及十字花科多种植物。此虫是桃树的主要害虫之一，还传播多种病毒。以成虫、若虫群集新梢和叶背面为害，被害叶片皱缩卷曲，严重影响新梢生长，排泄的蜜状黏液后期滋生真菌，形成霉污病，影响果实外观质量。

(2)发生规律　桃蚜1年发生20多代，以卵在桃枝芽腋处越冬。翌年当花芽膨大露红时开始孵化，先在芽上为害，落花期可为害花萼。展叶后多转移到叶背为害，被害叶卷曲，影响新梢和果实生长。5月中下旬为害最为严重。近麦熟时产生有翅蚜转移到蔬菜、烟草上为害。10月份有翅蚜再飞回桃园，在桃树上产生有性蚜，交尾后产卵越冬。

(3)防治方法　落花后大量卷叶前用10％吡虫啉可湿性粉剂

4 000 倍液,或 3%啶虫脒乳油 2 500 倍液均匀喷雾,有良好的防治效果。如果进行绿色食品、有机食品生产,可采用 95%机油乳剂 100 倍液,或 0.65%茼蒿素水剂 400～500 倍液,喷药时要适当增加喷水量。在秋季有翅蚜回迁到桃树上时,用塑料黄盘涂黏胶诱集。也可用前述药剂喷雾压低越冬基数。

7. 桃粉蚜

(1)为害状　主要为害桃、李、杏、梅、樱桃等多种果树和部分其他植物。以成虫、若虫群集叶背面为害,被害后叶片向背面卷曲,受害处常有很多白粉状蜡质物产生。排泄物可污染果面。

(2)发生规律　每年发生 20 代左右,以卵在枝条缝隙或芽腋处越冬,桃树萌芽时越冬卵孵化,在嫩梢和叶背为害,5～6 月份为害最重,7 月份产生有翅蚜迁移到禾本科植物上为害。到 10～11 月份又迁回桃园产生有性蚜,产卵越冬。

(3)防治方法　落花后大量卷叶前用 10%吡虫啉可湿性粉剂 4 000 倍液,或 3%啶虫脒乳油 2 500 倍液均匀喷雾,有良好的防治效果。在秋季有翅蚜回迁到桃树上时,用塑料黄盘涂胶诱集。也可用前述药剂喷雾压低越冬基数。

8. 杏星毛虫

(1)为害状　又名桃斑蛾,俗名红肚皮虫。可为害杏、桃、李、樱桃、梨等果树。以幼虫食害芽、花和嫩叶,杏芽被蛀食后,迟迟不能发芽开花,展叶后幼虫可吐丝缀叶为害。

(2)发生规律　每年发生 1 代,以初龄幼虫在老树皮裂缝中做白茧越冬,翌年 2 月底,杏花芽尚未萌动时即出来蛀食芽,在芽旁蛀有针孔小洞,芽即不能萌发,严重时整个枝条不萌芽,花期为害花和嫩叶。幼虫白天藏在背阴树干缝隙中,傍晚上树为害。5 月份幼虫老熟,在叶背、树皮下和土中化蛹,蛹期 15～20 天,成虫羽化后在叶片背面产卵,卵期 12～14 天,幼虫孵化后咬食叶肉,为害不久即潜伏越冬。

(3)防治方法　冬季刮除老树皮，消灭越冬幼虫。在越冬幼虫出蛰期喷药防治，可喷洒50%杀螟松乳油1000倍液，或20%氰戊菊酯乳油2000倍液，52.25%农地乐乳油2000倍液。成虫羽化期，可人工捕杀。

(三)枝干虫害

1. 桑白蚧

(1)为害状　又名桑白盾蚧、桑盾蚧。为害桃、杏、李、樱桃、苹果、梨等多种果树及林木树种。以为害核果类果树为主，特别是桃树。以成虫、若虫刺吸为害树的枝条和枝干。枝条被害后表面布满灰白色介壳如麸皮状，枝芽尖瘦，叶小而黄，严重时树枝衰弱枯死。

(2)发生规律　北方一般发生2～3代，以受精雌成虫在枝条上越冬。河南郑州地区4月上旬开始产卵，4月下旬为产卵盛期。每头雌成虫可产卵400粒左右。麦收前半个月卵基本孵化完毕。初孵若虫从母壳下爬出，分散到2～5年生枝条上固定取食，并渐生蜡质，6月上旬雌、雄介壳开始分化。交尾后雄虫死亡，到7月份雌虫发育成熟后产卵于壳下。随后还能再发生1～2代。生长期发生1代间隔期大约需2个月。

(3)防治方法　当局部发生时，可在春季发芽前，用钢丝刷或硬毛刷清除枝干上的介壳虫。花芽膨大期喷洒5波美度石硫合剂或98.8%机油乳剂50倍液。在麦收前半个月左右检查介壳下卵孵化完毕后及时喷药，可用98.8%机油乳剂100倍液，或40.7%乐斯本乳油2000倍液，或25%喹硫磷乳油800～1000倍液，或40%二嗪农乳油1000～1500倍液，在6～7月份防治，也要检查介壳下卵孵化情况，要在卵基本孵化完毕喷药才会获得较好的效果。对于极早熟品种桃，要在果实采收完毕后用药。施药时要注意尽力保护桑白蚧的天敌，天敌主要有红点唇瓢虫，它对介壳虫的泛滥发生起很大的抑制作用。

2. 桃球坚蚧

(1)为害状　又名朝鲜球坚蚧。在我国分布很广。主要为害桃、杏、李、苹果、梨、樱桃等果树。以成群的成虫、若虫贴附在枝条上刺吸为害。受害枝条生长势减弱,叶小芽瘦。

(2)发生规律　此虫每年发生 1 代,以二龄若虫在枝条上越冬,常群集为害。翌年 3 月上中旬开始活动,4 月下旬雌、雄分化,5 月上旬成虫开始产卵,6 月上旬卵孵化基本结束。若虫自母壳内爬出,分散到小枝、叶片上为害,以 2 年生枝条为多,到 9 月份若虫体上形成一层污白色蜡壳,10 月份进入越冬。

(3)防治方法　早春花芽膨大期喷洒 5 波美度石硫合剂,或 98.8%机油乳剂 50 倍液。在麦收后检查介壳下卵孵化完毕后及时喷药,可用 98.8%机油乳剂 100 倍液,或 45%马拉硫磷 800 倍液,或 40.7%乐斯本乳油 2 000 倍液,或 25%喹硫磷乳油 800～1 000 倍液,或 40%二嗪农乳油1 000～1 500 倍液。对于早熟品种桃,要在果实采收完毕后用药。施药时注意尽力保护球坚蚧的天敌,天敌主要有黑缘红瓢虫,一般有介壳虫的地方都有黑缘红瓢虫的存在,它对介壳虫的泛滥发生起很大的抑制作用。

3. 东方盔蚧

(1)为害状　又名桃盔蜡蚧。为害桃、李、杏、苹果、葡萄等多种果树及林木。以成群的成虫、若虫贴附在枝条上刺吸为害。受害枝条生长势减弱,叶小芽瘦。

(2)发生规律　此虫每年发生 1 代,以二龄若虫在枝条上越冬,常群集为害。翌年 3 月上中旬开始活动,4 月上旬雌、雄分化,正常年份 4 月下旬成虫开始产卵,5 月中旬卵开始孵化,6 月上旬卵孵化基本结束。若虫自母壳内爬出,分散到小枝、叶片上为害,以 2 年生枝条为多,到 9 月份若虫体上形成一层污白色蜡壳,10 月份进入越冬。

（3）防治方法　早春花芽膨大期喷洒5波美度石硫合剂，或98.8%机油乳剂50倍液。在麦收后检查介壳下卵孵化完毕后及时喷药，可用98.8%机油乳剂100倍液，或45%马拉硫磷乳油800倍液，或40.7%乐斯本乳油1 500倍液，或25%喹硫磷乳油800～1 000倍液，或40%二嗪农乳油1 000～1 500倍液。对于早熟品种桃，要在果实采收完毕后用药。

4. 草履蚧

（1）为害状　该虫可为害多种果树，目前在局部地区对樱桃、苹果、核桃等果树为害严重。若虫和雌成虫爬在芽腋、枝条分杈处刺吸嫩枝芽、枝干的汁液，数量多时可布满整个小枝条，造成树势衰弱，影响开花坐果，严重时造成枝条枯死。

（2）发生规律　每年发生1代，以卵越冬，但卵孵化很早，一般1月份开始孵化，孵化后暂栖居在卵囊内，春节前后日最高气温达到10℃左右时开始上树，但多数先集中在根颈部吸食，随温度升高上树虫量增加，草履蚧在树上为害到6月份后老熟，然后陆续下树入土分泌卵囊，产卵于其中。

（3）防治方法　雌成虫下树时，在树干周围挖坑，内放杂草诱集产卵，然后集中处理。在春节前树干绑杀虫带防止幼虫上树，在树干下部光滑处先绑5厘米宽的塑料带，下缘内折并涂2厘米宽的长效杀虫药膏，每米涂6克左右，间隔30天再涂1次即可。幼虫上树以后，可用40%毒死蜱乳油2 000倍液，或25%喹硫磷乳油800～1 000倍液，或40%二嗪农乳油1 000～1 500倍液喷雾防治。

5. 红颈天牛

（1）为害状　又名桃红颈天牛。分布面很广。主要为害桃、李、杏、樱桃等果树及部分林木。以幼虫蛀食皮层和木质部相接的部分。虫道弯弯曲曲塞满虫粪，而后从排粪孔排出大量虫粪，虫量大时树干基部有大量的虫粪。受其为害后严重影响树势，甚至引起整株死亡。

(2)发生规律　此虫2～3年发生1代,以幼虫在枝干皮层下或木质部蛀道内越冬。翌年成虫于6～7月份出现,中午前后多在枝干上停息。6月中下旬在主枝基部或主干皮缝处产卵。卵期8～9天,幼虫孵化后先在皮层下蛀食,一般翌年长大后才蛀入木质部为害。蛀道不规则,除活动场所外,多积满虫粪。

(3)防治方法　捕杀成虫,6月份成虫发生多时,于中午前后在树干、主枝附近捕捉成虫。树干涂白,6月份以前,用生石灰10份,硫黄粉1份,水40份加食盐少许制成白涂剂刷树干、大枝,防止成虫产卵。幼虫孵化期,注意检查枝干,发现蛀入小幼虫,用铁丝钩杀。熏杀大幼虫,清理排粪孔处粪便,塞入0.1克磷化铝片,用泥堵孔。树干上蛀孔多时,塞药后可用塑料膜包扎树干。产生的磷化氢气体可熏杀干内深处大幼虫。

6. 桃小蠹虫

(1)为害状　果园发生的有2种,即果树小蠹和多毛小蠹,以多毛小蠹为主。为害桃、李、杏、梅、樱桃等核果类果树。以成虫、幼虫在韧皮部、木质部间蛀食,蛀孔多在枝干背阴面,直径约1毫米,蛀孔处多流胶,严重影响树势,最后全株死亡,甚者毁园。

(2)发生规律　该虫每年发生2代,多以老熟幼虫在枝干内越冬,少数以低龄幼虫越冬。翌年3月下旬开始化蛹,多毛小蠹4月中下旬成虫开始羽化,果树小蠹5月中旬成虫羽化,但化蛹、羽化期很不整齐,据观察多毛小蠹羽化期可达60多天,高峰期在5月中下旬。成虫多选择弱树为害,蛀入枝干皮层下,在树皮下蛀母坑道,并产卵其中。卵孵化后幼虫向两侧蛀子坑道。

(3)防治方法　清理虫枝,发芽前将修剪下的枝条清出果园,特别是虫枝要集中烧毁。由于小蠹虫喜欢集中为害,当发现受害树时,可用药剂涂刷枝干。使用药剂为80%敌敌畏乳油100倍液。在成虫发生期也可全园喷药,可用90%敌百虫晶体1 000倍液,或50%辛硫磷乳油1 200倍液。

7. 金缘吉丁

(1)为害状　又名梨金缘吉丁。为害桃、杏、李、樱桃、梨、苹果、山楂等果树。以幼虫蛀食枝干，多在主枝和主干上为害。低龄幼虫在皮层内蛀，大龄幼虫在皮层和木质部间蛀食内皮层和木质部外层，造成扁圆形弯曲虫道。枝干被环蛀一周后其上部即死亡。被害枝上常有扁圆形羽化孔。

(2)发生规律　金缘吉丁虫每2年发生1代，以幼虫在虫道内越冬。翌年3月份化蛹，5～6月份出现成虫。成虫羽化后先取食叶片，10多天后产卵。卵多散产于枝干树皮缝内。幼虫蛀食皮层，7～8月份为害最重。幼虫老熟后蛀入木质部做蛹室化蛹。成虫羽化后蛀一扁圆形孔爬出。

(3)防治方法　人工捕杀成虫。在成虫盛发期早晨捕杀成虫。当发现受害树时，可用药剂涂刷枝干。使用药剂为80%敌敌畏乳油100倍液。在成虫发生期也可全园喷药，可用90%敌百虫晶体1 000倍液，或50%辛硫磷乳油1 200倍液。

8. 豹纹木蠹蛾

(1)为害状　豹纹木蠹蛾可为害苹果、梨、桃、李、杏、樱桃、石榴、枣等多种果树。幼虫蛀食1年生枝，蛀枝上部枯黄，遇风易折断。

(2)发生规律　该虫每年发生1代，以老熟幼虫在被害枝内越冬，翌年4～5月份化蛹，成虫5月中旬至7月中旬羽化，成虫在1年生枝上产卵，幼虫孵化后在枝木质部和韧皮部间蛀一环孔，然后在枝中心向下蛀食。

(3)防治方法　剪除虫枝，生长季发现枝条萎蔫或折断，应及时剪除虫枝。在成虫发生期用灯光诱杀成虫。

9. 蚱　蝉

(1)为害状　分布于全国各地，可为害苹果、梨、桃、杏、李、樱桃、山楂、葡萄、桑、杨、柳、榆、槐等多种果木树种。成虫刺吸枝条汁液,并产卵于当年生枝条中,造成枝条死亡,若虫刺吸根部汁液,使树势衰弱。

(2)发生规律　多年发生1代,以卵在枝条或以幼虫在土壤中越冬,成虫在6～9月份发生,产卵于当年生枝条木质部中,8月份为产卵高峰,卵期10个月,翌年6月份幼虫孵化入土为害。

(3)防治方法　彻底剪除产卵枝条,集中烧毁,是防治蚱蝉的最好途径。老熟幼虫出土期,傍晚捕捉上树的大若虫,可供食用。

思考题:

1. 桃褐腐病和疮痂病发生规律和防治方法如何?
2. 细菌性穿孔病的症状怎样?如何防治?
3. 桃蛀螟的形态特征如何?怎样预报和防治?
4. 怎样防治桑白蚧和朝鲜球坚蚧?
5. 李实蜂的发生特点和防治方法有哪些?

第五章　浆果类果树病虫害及防治

一、葡萄病虫害及防治

(一)葡萄病害及防治

葡萄适应性强,在我国种植广泛,是我国主要水果之一。目前,我国已报道的葡萄病害有 80 多种,其中白腐病、霜霉病、炭疽病和黑痘病发生危害最重,常见病害还有穗轴褐枯病、灰霉病、褐斑病、蔓枯病、根癌病、扇叶病毒病、房枯病等。

1. 葡萄白腐病

(1)症状识别　主要危害果穗,也可危害新梢及叶片,果穗感病多发生在靠近地面的果子上。发病初期产生水浸状、淡褐色、不规则的病斑,呈腐烂状,病部渐渐失水干缩,并向果实蔓延,果蒂部分先变成淡褐色,后渐渐扩大呈软腐状,以后全粒变褐腐烂。但果粒形状不变,穗轴果梗干枯缢缩,发病严重时全穗腐烂,受振动时易脱落,不落的逐渐干枯成明显棱角的浆果。

果实上浆前发病,糖分较低,易失水干枯,深褐色的浆果挂在树上,易和房枯病相混淆。新梢受伤的地方易发病,随枝蔓的生长,病斑也向两端扩展,渐变为暗褐色凹陷,随后表皮变褐翘起,病部皮层与木质部分离,常纵裂成乱麻状,在潮湿的情况下有一种霉烂味,这是区别于其他病的主要标志之一,叶子发病多在叶缘和破损处发生。

(2)发生规律　病原菌以分生孢子器及菌丝体在病组织上越冬,散落在土壤中的病原体是翌年侵染的主要来源,病菌以表土带菌最多,占总菌量的80%,翌年遇雨水后,分生孢子借风雨传到果实及枝蔓上,遇水萌发,通过伤口或自然伤口侵入组织内部,进行初侵染,以后再反复进行再侵染。6月上中旬开始发病,7～8月份发病达盛期,6月份降雨的时间和强度,决定了当年白腐病发生的轻重。降雨次数越多,降雨量越大,病菌萌发侵染的机会就越多,发病率就高,暴风雨及冰雹过后导致大流行。病菌发育最适宜温度为25℃～30℃,在26℃～27℃的环境下分生孢子萌发并迅速侵染。高温、高湿是该病发生和流行的主要因素。

白腐菌为弱寄生菌,主要从伤口或自然孔口如蜜腺、水孔、气孔侵入,果穗发病多集中在果梗处,此处易积水,有利于孢子萌发,一般靠近地面的果穗先发病,发病的果子落在地上后,病菌开始漫长的休眠期,它们在土壤中可存活2～3年,干燥的分生孢子器经过15年仍可释放出分生孢子,因此,清园不彻底越冬菌量大或者管理不善,通风透光差,地下水位高,排水不良,结果部位低,50厘米以下留果穗多,发病就重。

(3)*防治方法* 提高结果部位,距地面50厘米以下不留果,减少土壤中病菌的侵染。合理调节负载 在充分利用架面的条件下,防止负载过大影响树体发育和削弱树体的抗病性。生长期及时摘心、绑蔓、打副梢和中耕锄草,以利于通风透光。改善田间的小气候。也可铺地膜,春天浇透水后,可以阻止病的侵染,同时能保温、保肥和灭草。花后对果穗进行套袋,以保护果穗。药剂防治对于重病的果园,要进行地面灭菌,发病前一周左右开始喷药,以后每隔10～15天1次,可选用50%退菌特可湿性粉剂600～800倍液,或50%多菌灵、苯莱特可湿性粉剂800～1 000倍液,或70%代森锰锌可湿性粉剂700倍液,或64%杀毒矾可湿性粉剂700倍液,或77%可杀得可湿性粉剂600～800倍,交替使用均有良好的效果,雨季可以加入2 000倍液的皮胶或其他黏着剂。

2. 葡萄炭疽病 炭疽病又叫晚腐病,是果实上一种重要病害。在多雨的年份可引起果实的大量腐烂,造成丰产不丰收,该菌除危害葡萄外,也侵染苹果、梨等多种果树,主要侵染果实。

(1)症状识别　发病初期果面上为水浸状淡褐色病斑。逐渐扩大呈圆形,深褐色凹陷,其上产生黑色的小点粒,为病菌的分生孢子盘,潮湿时,涌出红色的孢子,该病在果实成熟期迅速蔓延,易脱落或失水干缩成僵果。

(2)发生规律　炭疽病主要以菌丝在结果母枝、卷须和1年生枝上越冬,病菌潜伏在皮层内,靠近节的部位最多,翌年5～6月份带菌枝条经过雨水淋洗形成大量的分生孢子,25℃～28℃最适宜,12℃以下、36℃以上不形成孢子,孢子借风雨,萌发后通过果孔进入表皮细胞,10～20天即可出现病斑。可进行再侵染,凡连接和靠近结果母枝的果穗发病率高且发病集中。

葡萄成熟期发病快,潜育期短,因糖度高为病菌发育提供了充足的营养条件,并且果实表皮产生大量的小孔,所以孢子入侵的机会越多,发病就越重,7～8月份多雨的季节最利于该病的流行。另外枝蔓过密,通风透光差、田间湿度大,也有利于病菌的蔓延。管理粗放,清理田园不彻底,地势低洼、排水不良、地下水位高、土壤板结、土壤黏重的果园发病重。

(3)防治方法

①农业防治:加强栽培管理,合理留枝,及时绑蔓和剪除副梢,改善通风透光,下雨和浓雾过后植株容易干燥,不利于病菌的蔓延。地势低洼的园片注意排水。降低田间湿度,合理施肥增强树势,提高抗病能力。

②消灭越冬菌源:结合修剪,清除掉树上的枝梢、卷须、僵果,并将落在地面的枯枝落叶彻底清理,集中烧毁或深埋。压低翌年的病菌基数。

③药剂防治:休眠期防治,因菌丝体主要在结果母枝上越冬,春天葡萄芽萌动时,对结果母枝喷铲除剂,可用3波美度石硫合剂

加五氯酚钠 200 倍液，喷药要仔细周到，对重病的果园可在发芽后对结果母枝喷 1 遍 50%退菌特可湿性粉剂 500 倍液，以消灭越冬的菌源。

葡萄开花前后喷药，花前可喷 1∶0.7∶240 倍波尔多液。落花后对整个树体喷药，可用 50%退菌特可湿性粉剂 800～1 000 倍液，或 75%百菌清可湿性粉剂 600～800 倍液，或 80%炭疽·福美可湿性粉剂 600 倍液等杀菌力强的药剂，连喷 2～3 次，直到当年新梢基部木质化。病菌随结果母枝老皮开始脱落。喷结果母枝是防止其产生分生孢子，喷布新梢是防止病菌侵入成为翌年的侵染源，喷布果穗起到防病保果的作用，因此，这几次对树体喷药非常重要。7 月份以后，喷布的重点是保护果穗，用杀菌力强的药剂和保护性的药剂交替应用。如波尔多液，或 30%绿得保悬浮剂 400～500 倍液，或 80%喷克可湿性粉剂 800 倍液，或 50%代森锰锌可湿性粉剂 500～600 倍液。一般每隔 10～15 天，喷药 1 次以免产生抗性。

注意雨后补喷，并喷强力杀菌剂，以杀死将要萌发并侵入的孢子。在果实采收前，可喷保护性杀菌剂，以减少果实中的残毒。为了提高药效可增加黏着性，减少雨水的冲刷。

3. 葡萄黑痘病 江淮流域和南方各省发生较重，自葡萄发芽后到采收后期均可危害，以春、夏两季多雨潮湿的地区发病最重，对生产影响很大。

(1)症状识别 主要侵染叶片、果粒、新梢、穗柄、叶柄卷须等绿色的部分。幼叶感病，叶面产生针头大小的褐色斑点，扩大后，斑的周围有黄褐色晕圈，后期病斑中心组织枯死并脱落，形成空洞。病斑直径 2～4 毫米。以上为本病最显著的特点。幼果感病，初生圆形褐色的小斑点，以后病斑中央变成灰白色，稍凹陷，边缘紫褐色，病斑直径一般 2～6 毫米，后期硬化或龟裂，病果小而变畸形，失去食用价值。

(2)发生规律 黑痘病菌主要以菌丝在病枝蔓的溃疡斑内越

冬，也能在病叶、病果等部位越冬，菌丝生活力很强。在病组织内存活3～5年之久，翌年5月份条件适宜时，产生分生孢子，并借风雨传播到绿色幼嫩的部位，孢子即可萌发形成侵染，病害发生的最适宜温度为24℃～26℃和较高的湿度，菌丝的生长温度为10℃～40℃，最适宜温度为30℃，在适宜的湿度条件下潜育期为10天左右。

病害的流行与降雨、空气湿度及蜘蛛生育状况有直接关系，高湿有利于孢子的形成、传播和萌发侵染，5月份进入梅雨季节，正值葡萄开花，所以发病较重，10月份便停止发病。一般寄主木质化程度越高，抗病性越强，不断出现的幼嫩组织易感病，老化后则抗病。另外，地势低洼，排水不良，管理粗放，树势衰弱，偏施氮肥，植株徒长，通风透光差的果园发病较重，或冬季清园不彻底，留有大量病残体的果园，翌年发病严重。

(3)防治方法

①彻底清园：结合夏季修剪，及时剪除病果、病枝、病叶等病残体，冬季彻底消除架面上的病残体，并将其烧毁或深埋，以减少越冬菌源基数。

②休眠期喷铲除剂：春天葡萄萌动后，展叶前，喷布铲除剂，消灭结果枝上的菌源，以杀死或抑制孢子的形成。减轻或延迟初发病的程度，可用3波美度石硫合剂加五氯酚钠200倍液，可兼治其他病虫，也可用15%硫酸铵溶液。

③喷药保护：从展叶后到着色前，每隔10～15天喷药1次，特别是要在开花前和落花后各喷1次药，这时植株各组织幼嫩，容易感病，可用1：0.7：200～240倍的波尔多液，或80%喷克可湿性粉剂500倍液，或78%科博可湿性粉剂500倍液，在葡萄迅速膨大期以喷布内吸性的50%多菌灵可湿性粉剂1000～1500倍液较好，以后可喷50%退菌特可湿性粉剂800～1000倍，或75%百菌清可湿性粉剂600倍液，或50%代森锰锌可湿性粉剂500～600

倍液,也可将杀菌剂和有保护作用的药剂交替使用。

④加强果园管理:多施有机肥,增施磷、钾肥,不要偏施氮肥,防止植株徒长,及时绑蔓,使架面分布均匀,加强通风透光,可减少病虫害的发生。

⑤苗木消毒:病菌是靠插条和苗木远距离传播。新建苗圃和葡萄园所用的苗木要消毒后定植。常用的消毒剂有10%硫酸亚铁加1%粗硫酸,或3波美度石硫合剂加200倍五氯酚钠混合液,浸3～5分钟,也可采用淋洗式喷洒。

4. 葡萄霜霉病

该病是葡萄上的主要病害之一,病菌为专性寄生菌,不能用人工培养。该病是世界性病害,在生长季节,多雨潮湿的地方发病重。

(1)症状识别　病叶焦枯,枝蔓不成熟,叶片受害初期产生半透明、水渍状、边缘不清晰的小斑点,后扩大成黄色多角形的病斑,环境潮湿时,病斑背面产生一层白色的霉状物,病叶易提早脱落。幼果感病,病部呈灰绿色,并生有白色的霉层,果粒长大后感病,一般不形成霜霉状物,感病果粒后期,皱缩脱落,有时感病的部分果穗也会脱落。

(2)发生规律　该菌主要以卵孢子在落叶中越冬,冬天暖和的地方,附着在芽上和挂在树上叶片的菌丝体也能越冬,在主脉附近的叶肉病组织中的菌量最多,卵孢子随腐烂叶子在土中能存活2年,翌年日平均气温达11℃时,游动孢子借风雨传到寄主绿色组织上,由气孔、水孔侵入,环境潮湿有利于霜霉菌发生。降雨是引起病害流行的主要原因。在适宜的环境条件下,病菌可进行重复侵染。春季和秋季低温多雨的条件均易引起病害的发生和流行。山东省一般7～8月份开始发病,(偶尔6月份发病)8月中旬至9月份为盛发期。果园地势低洼,管理不善,通风透光不良,有利于发病。

(3)防治方法

① 秋季彻底清洁果园以清除菌源，将病残体枝叶集中烧毁或深埋。有条件的可进行深埋，将表土翻入地下。

②加强果园管理，及时夏剪和绑缚新梢，改善架面的通风条件，降低地面湿度，适当增施磷、钾肥，以提高植株的抗病力。

③喷药保护：铜制剂是防治霜霉病的良好药物，在发病前，结合防治其他病害可喷布1∶0.7∶200～240倍的波尔多液，发现病叶后喷布40%乙膦铝可湿性粉剂200～300倍液，或25%瑞毒霉可湿性粉剂750倍液，或58%瑞毒锰锌可湿性粉剂400～500倍液，或50%克菌丹可湿性粉剂400～500倍液，或喷布0.2～0.3波美度的棕色合剂，每半月1次，连喷3～5次，不仅能控制住霜霉病的发生，也能兼治白粉病、黑痘病、短须螨，乙膦铝、瑞毒霉都是霜霉菌的特效药，又是良好的内吸剂，但长期使用可能产生抗药性，可与波尔多液、棕色合剂交替使用，如与代森锌、克菌丹、代森锰锌混用，不仅有增效作用，也可延缓病菌抗药性的产生。用250倍液瑞毒霉灌根，每株用药0.2千克。也可用一些新药，如50%大生可湿性粉剂600倍液，或78%科博可湿性粉剂500倍液，或80%喷克可湿性粉剂600～700倍液，或30%绿得保悬浮剂300倍液。

5. 葡萄白粉病

(1) 症状识别　该菌可侵染所有的绿色组织，叶片、新梢都能发病，叶片被害后，有白色粉状物覆盖在病斑上，为病原菌的菌丝体、分生孢子梗及分生孢子。后期粉斑下叶面有褐色花纹，严重时叶片焦枯脱落，有时斑上产生黑色的小粒点，为病原菌的有性世代。幼叶干枯后常皱缩扭曲，幼果感病，果面布满白粉，果粒易枯萎脱落，果面出现黑褐色网状花纹，上面也布满白粉，病果停止生长，有时畸形。在多雨的情况下，由于病果表面停止生长而导致裂果，然后由腐生性杂菌引起腐烂。

(2)发生规律　该病以菌丝体在被害组织内或在芽鳞间越冬，翌年环境条件适宜时产生分生孢子，借风力传播到绿色组织上，进行初侵染，菌丝表生，以吸器吸取植物营养，导致果面、枝蔓、叶面产生暗褐色网状花纹，侵染蔓延的最适温度为20℃～27℃，分生孢子萌发的最适温度为25℃～28℃，相对湿度为40%～100%，高温、闷热、多云的天气有利于病害的发生和流行。7月上中旬开始发病，7月下旬至8月份为发病盛期，弱光和散射光有利于病害的发生，强光可抑制孢子的萌发，枝蔓徒长，偏施氮肥，通风透光不良有利于发病。一般美洲系统葡萄及杂交种表现抗病，欧洲系统易感病。

(3)防治方法

①加强栽培管理，生长期及时绑蔓、摘心、改善架面通风透光条件，防止徒长，剪除病枝蔓，彻底清园，减少菌源。

②芽萌动后展叶前一定要喷布产除剂，施3波美度石硫合剂加200倍五氯酚钠混合液，以铲除越冬的菌源。于发病初期喷布1∶0.5∶200～240倍波尔多液，或70%甲基托布津可湿性粉剂1 000倍液，或25%粉锈宁可湿性粉剂1 500倍液，白粉病对硫制剂敏感。

6. 葡萄房枯病　又称粒枯、穗枯，是果实的重要病害之一。

(1)症状识别　主要危害果实、果梗，严重时也能危害叶片。先在果梗部产生淡褐色椭圆形病斑，逐渐扩大后蔓延到果粒上，使穗轴萎缩干枯，果粒发病，首先以果粒为中心，形成淡褐色同心轮纹状病斑，果蒂部分失水而皱缩，后扩展到整个果面形成褐色软腐。病斑表面产生稀疏而较大的黑色小粒点，即为分生孢子器，最后干缩成灰褐色的僵果，叶片受害，初为褐色圆形小斑点，后期病斑中央散生小黑点，该病与黑腐病、枯腐病较难区别。

(2)发生规律　病菌以分生孢子器和子囊壳在病果或病叶上越冬，翌年5～6月份散放出分生孢子或子囊孢子，借风雨传播侵染果穗，24℃～28℃最适宜发病，该病从 7 月份开始发病，7～9 月份发病最多，果实接近成熟期最易发病，一般欧亚品种最易感病，在果实着色前后、高温多雨的天气有利于病害的发生。

(3)防治方法　及时清园，该病多在葡萄后期的果穗上发生，高温的夏季最易流行，应剪除病果并深埋。药剂防治，可与白粉病、炭疽病一同兼治。

7. 葡萄灰霉病　通常情况下很少发生，该病已发展为一些地区的主要病害，成熟的果实也常因为该菌的潜伏而存在，而成为贮藏、运输和销售期间的主要病害，葡萄酿酒时不慎混入了灰霉菌的病果，在发酵过程中，病菌产生的分泌物会造成红葡萄酒颜色的改变，并影响酒的质量。

(1)症状识别　该菌主要危害花穗、幼果，个别的年份也能侵染成熟的果实。花序及幼果感病，初为淡褐色水浸状病斑，后变为褐色而软腐。天气潮湿时，病处长出一层鼠灰色的霉层，此为病菌的分生孢子梗和分生孢子。天气干燥时，幼果失水、萎缩，最后干枯脱落，造成大量的落花落果。叶片感病，产生淡褐色不规则的病斑，后期出现新灰色的霉层。果实上浆后感病，果面出现褐色凹陷病斑，扩展后果实腐烂，先在果实皮裂缝处产生灰色孢子堆，后蔓延至整个果实，并长出霉层，有时在病部产生黑色的菌核或灰色的菌丝块。

(2)发生规律　病菌以菌核、分生孢子、菌丝体随病残组织在土壤中越冬。病原菌可寄生在多种蔬菜、花卉和水果上，初侵染源除葡萄园内的病残体外，还有其他场所的越冬菌。菌核和分生孢子抗逆性很强，翌年产生的分生孢子可以通过气流传播到花穗上，通过伤口、自然孔口及幼嫩组织侵染。春天主要侵染花穗和幼果，发病后又产生大量的分生孢子，靠气流进行再侵染。

该病有两个明显的发病期，第一次发病在 5 月中旬至 6 月上旬，主要危害花和幼果，低温和多湿易引起大发生，造成大量的落花落果;第二次发病在果实着色到成熟期,此期阴雨连绵或遇到暴雨,病菌就从伤口进入浆果,并产生灰色霉层。

(3)防治方法

①加强管理:不要偏施氮肥以防徒长,及时进行夏剪,控制营养生长,做好旱灌涝排工作以减少裂果。

②彻底清园:集中烧毁病残体,做好越冬休眠期的防治,对结果母枝喷铲除剂,可以结合预防炭疽病及白腐病进行。

③药剂防治:在花前和谢花后连喷 2～3 遍 50%多菌灵可湿性粉剂 800～1 000 倍液,或 70%甲基托布津可湿性粉剂 800 倍液,或 50%苯菌灵可湿性粉剂 1 000 倍液,或 70%代森锰锌可湿性粉剂 700 倍液,均有较好的防治效果。

④采前处理:在果实采收前淋洗式喷布 60%特克多可湿性粉剂 700～1 000 倍液,晾干后采摘,包装时用二氧化硫处理或用碘化钾纸包装。能有效地控制灰霉菌的发生。

8. 葡萄大、小褐斑病

(1)症状识别　在多雨或管理粗放的果园,容易引起发病。该病主要危害叶片,造成早期落叶,削弱树势。大褐斑病在美洲种的葡萄叶上呈不规则形病斑,边缘红褐色。中部为暗褐色,后期病斑背面长出灰色或暗褐色的霉状物。小病斑的症状为病斑直径为 2～3 毫米,病斑边缘呈深褐色,中间颜色稍浅,后期病斑背面产生一层明显的黑色霉状物。这是该病的分生孢子梗和分生孢子,最后使叶片干枯而脱落。

(2)发生规律　大、小褐斑病发生规律基本一致,主要以菌丝体或分生孢子在落叶上越冬,翌年夏季产生新的分生孢子,新、老分生孢子借风雨传播到植株的叶上,在高温多湿的条件下孢子萌发后,多从植株下部叶部的背面气孔侵入,潜育期 20 天左右。此病从 6 月份开始发病,条件适宜时可发生多次侵染,8～9 月份为发病盛期。高温多雨是该病流行的主要因素。夏、秋多雨的地区发生重，管理粗放、田间潮湿、树势弱易发病。

（3）防治方法　消灭越冬的菌源，彻底清扫果园病枝，集中烧毁或深埋。加强果园管理，及时绑蔓改善通风条件，增施磷、钾肥，提高抗病能力。喷药保护，一般结合防治黑痘病、白腐病进行，主要喷布下部的叶片和叶子背面。

9. 葡萄扇叶病毒病

（1）症状识别　由于品种和时期的不同，表现症状也不同，因而有扇叶病、黄化叶病等多种名称。实为同一种病原引起。新梢及叶片生长均萎缩，节间段不规则，有时叶片不对称，中脉偏向一侧，也有边缘锯齿变尖，呈扇叶状，但在初夏至仲夏沿主脉及侧脉两侧形成一条黄色的带状斑，叶形基本正常。边缘落花严重，花穗变小、数量减少，果穗小而少，果粒大小极不整齐，产生大量的无核小果。

（2）发生规律　病毒以标准剑线虫或意大利剑线虫作为传播的媒介。线虫取食几分钟后即能获毒或传毒，幼虫蜕皮后不带毒，嫁接或汁液都能传毒。该病毒的自然寄主只限于葡萄属，但试验寄主相当广泛。扇叶病毒存留于自生自长的植物体或活的残根上，是重要的侵染源，长距离的传播主要是通过感病的苗木的调运。

（3）防治方法　土壤消毒，消灭介体线虫，可减轻本病的危害。选用脱毒苗木，新建的果园应采用无病毒的苗木热处理脱毒或茎尖脱毒培养，或用嫁接的苗木、砧木采用抗线虫的或抗扇叶病毒的砧木。

10. 葡萄卷叶病毒病

（1）症状识别　病毒主要存在于寄主维管束的筛管内（如叶脉、叶梗的筛管细胞），引起筛管细胞死亡，使叶子的糖分积累过多，致使叶片硬化、变脆、卷缩，在生长前期不表现症状。先是基部成熟叶显症，逐渐向上蔓延，尤其在果实采收后至落叶前症状最明显,红色的品种最初是叶肉出现红色的斑点,以后整个叶片至整个植株变红;白色的品种叶片逐渐变黄,而叶脉仍保持绿色。植株感病后,果实变小,着色不良。红色品种的果实颜色变淡。白色品种变黄,含糖量明显降低,风味下降。

(2)发生规律　该病毒可由嫁接和汁液传播,也可由蚜虫及粉蚧传播。卷叶病毒可用某些葡萄品种作指示植物,如佳美、黑皮诺、赤霞珠等,一般6～18个月显症,感病现象均为早期红叶。

(3)防治方法　高温脱毒可热处理整株葡萄处于38℃3个月,然后将新尖剪下做茎尖培养。试管苗瓶内热处理。也可通过微型嫁接和分生组织培养,脱毒后的苗木要经过指示植物或血清检测证明无毒方可使用。目前国外已有血清酶联盒,作快速检测用,我国正在研究试制。

11. 葡萄皮尔斯病

(1)症状识别　植株在早春发芽晚,新梢生长缓慢、矮化,不结实或结实少,枝条初出现的8片叶叶脉绿色,沿叶脉皱缩,梢变畸形,以后再长出的叶片不再显症,只是在生长的中后期才出现灼烧症状。秋天病叶提早脱落,枝条上只留下叶柄。在叶片显示症状之后,其果实便停止生长并凋萎、干枯。感病的枝条成熟度不一致,不成熟的枝条易受冻枯死。病根早期生长正常,严重时根部枯死,甚至根茎部干枯死亡。

(2)发生规律　该病是由吸食木质部养分的害虫所致。试验证明各种叶蝉、沫蝉均能传播该种病菌。许多葡萄品种是该病的寄主,此外还有胡桃、苜蓿等许多单子叶植物、双子叶植物。1年生植物和多年生植物都能感染。

(3)防治方法　用青霉素处理可减轻危害,但成本高,如不继续处理,症状仍能出现,根本问题是消灭传毒媒介,消灭田间叶蝉、沫蝉等传媒昆虫。从病区引入的苗木要温汤消毒,浸入45℃热水3小时,可消灭该病菌。

12. 葡萄根结线虫病 对葡萄有重要影响的有3种，南方根结线虫、爪哇根结线虫、北方根结线虫等。

(1)症状识别 主要危害葡萄的幼嫩小根，产生根结，受害严重时可导致吸收根死亡，从而使葡萄矮小黄化而果实小，线虫在土壤中呈板块状分布，在有线虫分布的园子，植株生长弱，随着葡萄植株的生长势也表现为块状分布。

(2)发生规律 雌虫体外产卵，产在基质中，幼虫孵化后通常钻进根尖，然后就在输导组织中定植，通过皮层完成静止的寄生生活。在温暖的夏季，经2周生长发育后雌虫发育成能生育的成虫，其生长和发育刺激组织形成节瘤和瘿。破坏内部输导组织，一个单独的瘿可以有1个或多个雌虫。雌成虫有一个静止的珍珠色阶段，肉眼几乎看不到，根结线虫多是孤雌生殖，1年发生1代，冬季活动最少，雄虫不取食，对葡萄树无害。

(3)防治方法

①轮作：选园之前最好种植几年禾本科的植物，因为禾本科不是其理想寄主。

②苗木检疫：线虫一般随着带虫的苗木进行传播，不要让带病的病苗传入新区，若从病区引进的可将苗木处理后再定植。用50℃的热水浸5～10分钟。

③加强栽培管理：多施有机肥，增强树势，减轻土壤板结，增加土壤的渗透力。本措施虽不能减轻线虫数量，但对改善营养促进根系吸收有一定的好处的。

④药剂处理：线虫严重的园子要进行药剂处理，常用的药剂有益寿保、克线丹、必速灭。每公顷使用45～90千克，先与3～5倍细土混匀，在树根集中分布区开沟施入。覆土后浇少量的水。

(二)葡萄虫害及防治

葡萄在我国分布广，影响葡萄高产优质的害虫有：葡萄二点叶蝉、葡萄短须螨、葡萄瘿螨等,葡萄天蛾和斑衣蜡蝉也时有发生。在零星栽植的果园和庭院葡萄中透翅蛾发生比较严重。个别产区有葡萄根瘤蚜,为毁灭性害虫,也是国内外检疫性害虫。

1. 葡萄短须螨 又称葡萄红蜘蛛,在我国主要葡萄产区均有发生,是葡萄的重要害虫之一。

(1)为害状 新梢受害后,表皮产生黑褐色小颗粒状突起,叶片受害先是在叶脉两侧呈现褐色锈斑,严重时叶片失绿变黄;果实受害最初出现铁锈色斑,果面粗糙龟裂,变硬,果实停止生长。影响果实的着色及成熟。

(2)发生规律 该螨在山东省济南每年发生 6 代,以雌成螨在老翘皮下或芽鳞内越冬。目前尚未发现雄虫,翌年在葡萄树展叶时,雌虫出蛰为害刚展叶的幼芽、幼叶,大约半个月后开始产卵,卵期 10 天左右,全年世代交错重叠,10 月底开始转移越冬。短须螨的为害从散生到密集,幼虫有群体蜕皮的习性,该螨最适发育温度为 29℃左右,空气相对湿度为 80%~85%,一般 7~8 月份最适于该螨的发育,此期繁殖最快,虫口密度最大。

(3)防治方法 越冬防治,春天葡萄上架后,刮除葡萄枝蔓老皮,集中烧毁,消灭越冬螨。萌芽前喷铲除剂,可用 3~5 波美度石硫合剂,加0.2%~0.3%的洗衣粉淋洗式喷布,消灭越冬螨。该螨对硫制剂敏感,在生长季节可用硫黄胶悬剂 300~400 倍液,或0.2~0.3 波美度石硫合剂也可喷 73%克螨特乳油 1 500 倍液,或 15%哒螨灵乳油 2 500 倍液。

2. 葡萄叶蝉 为害葡萄的叶蝉有二黄斑叶蝉和葡萄斑叶蝉。

(1)为害状 以成虫和若虫在叶背刺吸汁液为害,叶片正面出现白色的小点,影响光合作用,并提早脱落,影响翌年的产量。

(2)发生规律 该虫每年发生 3~4 代,以成虫在杂草、枯叶等处越冬,翌年 3 月间越冬成虫出蛰,先在园边发芽早的花卉和杂草上为害,4 月下旬迁到葡萄上为害,5 月中旬若虫出现,第一代成虫在6月上中旬开始发生，以后各代重叠，末代成虫在9～10月间发生，直到葡萄落叶，然后随气温降低进入越冬状态。为害特点是先从老叶子开始，逐渐向上蔓延，一般不为害嫩叶。

(3)防治方法　加强果园管理：加强葡萄生长期各项管理，改善葡萄通风透光条件，有利于葡萄生长和喷布药剂。清扫落叶，消灭越冬场所，减少越冬虫源。药剂防治：在若虫期喷药较好，可用20%杀灭菊酯乳油2 000倍液喷雾，或50%杀螟松乳油1 500倍液，或2.5%敌杀死乳油2 500～3 000倍液即可。

3. 葡萄透翅蛾

(1)为害状　葡萄透翅蛾主要为害枝蔓，以幼虫为害，造成当年生枝枯死，幼虫为害髓部，在茎内形成长的孔道，在蛀口附近常有虫粪堆积。被害蔓变粗膨大，上部叶子变黄枯死。

(2)发生规律　该虫1年发生1代，以老熟幼虫在葡萄枝蔓内越冬，翌年4～5月份化蛹，6～7月份为成虫羽化期。卵产在芽间或嫩梢上，幼虫孵化后多从叶柄基部蛀入嫩梢髓部为害，形成长形的孔道，嫩梢被蛀孔后转移到粗蔓中为害，7～8月份幼虫可转移1～2次，9～10月间幼虫陆续老熟，在被害枝蔓内越冬。

(3)防治方法

①越冬防治：冬剪时剪去被害枝蔓，在翌年4月前烧毁，6～7月份要经常检查嫩梢，发现虫粪时及时剪掉，集中烧毁处理。

②成虫期防治：在成虫产卵一周左右和幼虫孵化期，喷50%杀螟松乳油1 000倍液，或90%敌百虫晶体1000倍液，可杀灭初孵幼虫，效果显著。

③枝干熏杀：粗枝受害时，可从蛀孔注入50%敌敌畏乳油20～50倍液，然后将蛀孔封闭，或用浸有80%敌敌畏乳油10～20倍液的棉球塞住蛀孔，以熏杀幼虫。

4. 葡萄根瘤蚜　是一种毁灭性的害虫，是国内外重要的检疫对象，该虫仅为害葡萄，原产于北美洲，后传入数十个国家。

(1)为害状　葡萄根瘤蚜以成虫和若虫在根的表面刺吸为害，被害的粗根形成木瘤，细根则形成根瘤，能引起根部的腐烂。叶瘿型的蚜虫在寄主的表面为害，受害处背面凹陷，在背面形成虫瘿，被感染的植株发育不良，产量下降，发生严重的能引起整株枯死。

(2)发生规律　该虫的繁殖速度快、代数多，生活史复杂，有完整的和不完整的2种。

在美洲葡萄上有完整的生活史，既有根瘤型也有叶瘿型。叶瘿型的以卵在树上越冬，翌年孵化出后一直在叶子上为害，1年繁殖7～8代，每代都有部分蚜虫爬到根部为害，转为根瘤型；根瘤型也是孤雌生殖，繁殖5～8代，以若虫和成虫在根上为害，形成根瘤。秋末产生有翅型，以孤雌产卵，卵孵化为有性型，并交配产卵越冬。

在欧洲品种上生活史是不完整的，只有根瘤型，少发生叶瘿型，以初龄若虫在根部越冬，到翌年4月份开始活动。5月上旬产第一代卵，为害而形成根瘤，并扩散转移为害，直到秋末转入越冬。6～11月份不断产生有翅蚜，从土里爬出上树，8～9月份发生量较大，但在枝蔓上很难找到其所产的卵。该虫对环境适应力强，卵和若虫在－13℃～－14℃时才被冻死，干旱易造成大发生，多雨不利于繁殖，土壤黏重、板结和沙质土壤不利于其生存。

(3)防治方法

①加强检疫：严格执行检疫制度，该虫多由苗木和接穗传播。在调运苗木时要仔细地检查处理，特别从国外引进苗木时，要严格检疫，防止该虫的传入。

②苗木处理：从疫区引种时先将苗木在40℃的热水中浸5～7分钟，然后转入50℃～52℃的热水中浸7分钟，也可用50%辛硫磷乳油1 500倍液浸1分钟，晾干即可。选育抗根瘤蚜的砧木用免疫性砧木嫁接葡萄，培育抗根瘤性苗木。

③选好育苗地：实践证明沙地无根瘤蚜存在。土壤处理，原

有虫株刨除，然后用1.5%乐果粉处理土壤，每株0.75～1千克，隔几年再建园，可彻底根除疫区病虫。

④药剂防治：可用50%抗蚜威可湿性粉剂2000～3000倍液或40%乐果乳油1500倍液灌根，每株15千克药液即可，也可用二硫化碳消灭根上的蚜虫，方法是在葡萄根部土壤上每平方米打9个孔，打10～15厘米深，每孔注入6～8毫升，注孔距植株不能少于25厘米，以防发生药害，处理时土壤含水量以30%为宜，土壤温度在12℃～18℃，温度过高易发生药害，过低杀虫效果差，应在春季开花前或秋季收获后进行。

（三）小　结

我国葡萄病害主要有白腐病、炭疽病、霜霉病、黑痘病、房枯病、穗轴褐枯病、灰霉病等，其中以白腐病、炭疽病、黑痘病发生普遍、为害严重。但几种病害均可为害叶片、新梢、花穗和果实，常造成果实大量腐烂。霜霉病以危害叶片为主，叶背出现有白色霜状霉层，严重时叶片焦枯脱落。穗轴褐枯病近年来有上升趋势，致使小穗或整穗干枯，对产量损失较大。灰霉病在春季多雨、潮湿年份危害花序和幼果，能造成整个花序腐烂、干枯，其病菌来源除植株带病外，多种蔬菜、花卉的病菌也可借风雨传播到葡萄上危害。

葡萄虫害主要有二斑叶蝉、斑衣蜡蝉、葡萄短须螨、葡萄瘿螨、葡萄透翅蛾、葡萄天蛾、根瘤蚜等。其中以二斑叶蝉发生普遍，为害严重，能造成叶片焦枯，提早脱落。此虫每年发生3～4代，春季葡萄展叶后开始为害，世代重叠，一直为害到葡萄落叶。葡萄透翅蛾在零星栽植或管理粗放的老葡萄园发生较多，每年1代，为害葡萄枝蔓，造成枝蔓枯死。葡萄根瘤蚜在个别地区发生，是毁灭性检疫害虫，不仅要拔除植株还须用药剂对坑穴消毒、灭虫，并对疫区封锁，防止传播。其他害虫如短须螨、瘿螨、斑衣蜡蝉和天蛾等只在部分果园发生。

(四)葡萄病虫害防治措施

根据葡萄物候期和病虫发生一般情况，制订了如下防治模式，各地应该根据当地、当年病虫害发生情况调整方案，仅供参考(见表3)。

表3　葡萄病虫害治理模式

防治时期	防治对象	防治方法
12月份至翌年2月份(休眠期)	黑痘病、霜霉病、白腐病、炭疽病、褐斑病、透翅蛾	1. 剪除病虫枯枝、病干果、卷须等 2. 剥去老粗皮、铲除杂草、清扫落叶集中烧毁
3月份至4月份(发芽期)	上述病害及白粉病、叶螨、瘿螨、介壳虫等	喷施4～5波美度石硫合剂，或50%硫悬浮剂200倍液，或石硫合剂加80%五氯酚钠200～300倍液
5月上中旬(开花前)	黑痘病、灰霉病、霜霉病、穗轴褐枯病、褐斑病等	1. 对多种病害喷布1：0.7：200波尔多液，或70%甲基托布津800倍液，40%乙膦铝或多菌灵700倍液 2. 灰霉病重园用50%速克灵2000倍液，或50%农利灵或50%扑海因1500倍液 3. 黑痘病、白粉病可用40%福星8000倍液
5月下旬至6月初(落花后)	上述病害及炭疽病、白腐病、白粉病、叶蝉、叶螨、介壳虫	1.50%多菌灵700倍液，58%瑞毒锰锌600倍液，轮换使用，半个月左右1次 2.50%敌敌畏1000倍液防治叶蝉及介壳虫 3.1.8%齐螨素5000倍液可防治叶螨、叶蝉 4. 套袋果园要在套袋前喷布1次加杀虫剂(可用敌敌畏)

续表 3

防治时期	防治对象	防治方法
6 月中下旬(幼果期)	病害同上	1. 1∶0.7∶200 波尔多液或其杀菌剂 2. 套袋果园用药次数减少,只防治叶部病害即可
7 月份果粒生长期(膨大期)	炭疽病、白腐病、穗轴褐枯病等果实病害为主	1. 使用药剂同上 2. 炭疽病重时可用 80%炭疽·福美 500 倍液 3. 霜霉病重时可用克露、霜霉净等
8 月中下旬(采收前后)	病害同上	1. 药剂只喷布晚熟品种 2. 可使用 50%瑞毒锰锌 600 倍液或波尔多液
9～11 月份	越冬病害	1. 保护叶片,如有霜霉病害叶,再喷布 1 次杀菌剂 2. 清园

二、草莓病虫害及防治

草莓是一种多年生草本植物,植株矮小,靠匍匐茎无性繁殖,喜欢肥水充足土壤条件,由于叶片、果实都接近地面,病虫害的发生和土壤密切相关。发生严重的病害有灰霉病、轮斑病、黄萎病等。灰霉病是果实重要病害;轮斑病是果实采收后容易发生的叶部病害,影响植株的茁壮成长;黄萎病主要是连作田容易发生的病害。不同地区、不同年份可能出现某种病害的流行,应注意天气、栽培条件的变化,对容易流行的病害加以预防。草莓虫害以地下害虫、叶螨类、蚜虫和粉虱类为害为主。如地下害虫蝼蛄不但在地下取食草莓根系,还可在地面啃食果实,蚜虫等刺吸式口器害虫不但直接为害植株,还可传染病毒病,有时传病造成的危害比直接为害造成的损失更大,因此必须加强防治。

(一)草莓病害及防治

1. 草莓褐斑病 也称叶枯病,是一种真菌引起的病害。

(1)症状识别 受害叶片最初出现红褐色的小点,逐渐扩大成圆形或近圆形病斑,中央呈褐色圆斑,圆斑外为紫褐色,最外缘为紫红色,病健交界明显,后期病斑上出现褐色小点,多呈不规则的轮状排列,严重时病斑融合在一起,可使大片叶子死亡。

(2)发生规律 以菌丝体和分生孢子器在叶组织内或随病残体在土中越冬 。是翌年的初侵染源,翌年 6～7 月份产生大量的分生孢子,借雨水和空气传播,病部不断产生孢子进行再侵染,并蔓延扩大,从梅雨季的后半期到 9 月份之间的高温时期,特别是 25℃～30℃高温、高湿的季节,发病重,漫灌和重茬连作栽培的发病重。

(3)防治方法 选用抗病品种,如华东 5 号、10 号等。栽植前摘除病叶烧毁,并用 70%甲基托布津可湿性粉剂 500 倍液浸苗 20 分钟。田间在发病初期可喷农抗 120 水剂 200 倍液,或 70%甲基硫菌灵可湿性粉剂 800 倍液,或 40%多硫悬浮剂 500 倍液,或 75%百菌清可湿性粉剂 600 倍液,10 天喷 1 次,连喷 2～3 次。

2. 草莓细菌性叶斑病 该病也叫草莓角斑病,是由细菌引起的病害。

(1)症状识别 最初在叶片下面出现水渍状红褐色不规则的病斑,病斑照光呈透明状,但以反射光看为深绿色,病斑逐渐扩大融合成一大片,渐变为淡红褐色而干枯。湿度大时叶背可溢出菌脓,干燥条件下成薄膜状。叶片发病后常破碎,严重时植株的生长点变为黑色而枯死。

(2)发生规律　该病随着草莓材料的引进而迅速传播,病原菌在土里、种子及病残体上越冬。播种带菌的种子,幼芽在地下就染病而不能出土,有的出土但不久就死亡,在田间通过灌溉水、雨水、虫伤及农事操作造成的伤口侵入并传播而蔓延。病菌先侵害少数薄壁细胞,后进入维管束向上下扩展,发病的适温为25℃～30℃,高温多雨或连作、地势低洼、灌溉过量及伤口多的发病重。

(3)防治方法　加强检疫,通过检疫,防止病害的传播和蔓延。清除菌源,清除枯枝落叶,减少人为伤口,及时防治虫害。定植前每公顷用50%福美双或40%拌种灵粉剂11.25千克,对水150升,拌入1 500千克细土后穴施处理土壤进行消毒。发病初期开始喷洒瑞毒铝铜200倍液,或2%农抗120水剂200倍液,或72%农用硫酸链霉素3 000～4 000倍液,或30%碱式硫酸铜悬浮剂500倍液,隔7～10天1次,连续防治3～4次,采收前3天停止用药。

3. 草莓轮斑病　又称草莓V型褐斑病,是由真菌引起的病害。

(1)症状识别　该病在老叶上起初为紫褐色小斑逐渐扩大成不规则型病斑。周围常成暗绿色或黄绿色。嫩叶病斑常从叶顶开始,沿中央主脉向叶基作"V"字形或"U"字形迅速发展,一般1个叶片只有1个大斑,严重时从叶顶伸达叶柄,乃至全叶枯死,病菌还可以侵害花和果实,可使花柄变褐死亡。浆果引起干褐腐,病果坚硬,最后被菌丝缠绕。

(2)发生规律　病原菌在病残体上越冬和越夏,秋、冬时节形成子囊孢子和分生孢子,随风雨传播,侵染发病。春、秋季特别是春季多阴湿的天气,有利于本病的发生和传播,一般在花期前后和花芽形成期是发病的高峰期,2℃以上此病发生极少,在保护地及低温多湿、苗弱光差的条件下容易发病。

(3)防治方法　清除病源,冬季清园,及时将枯枝病叶烧毁。加强栽培管理,注意植株的通风透光,不要单施速效的氮肥,适度灌溉,促进植株的健康生长。药剂防治可在现蕾开花期进行,可用25%多菌灵可湿性粉剂300倍液,或50%克菌丹可湿性粉剂或50%速克灵可湿性粉剂800倍液,或614抗生素50～100倍液,或75%百菌清可湿性粉剂500～700倍液,或1∶2∶200波尔多液,或65%代森锌可湿性粉剂500倍液,或70%甲基托布津可湿性粉剂1 000倍液,5～7天1次,一般2～3次即可。

4. 草莓蛇眼病　也称草莓叶斑病。

(1)症状识别　病斑初期为暗紫红色小斑点,随后扩大成2～5毫米大小的圆形病斑,边缘紫红色,中心部灰白色,酷似蛇眼。病斑发生多时融合成大的病斑,病菌侵害浆果中的种子,单粒或连片侵害,变成褐色,失去商品价值。

(2)发生规律　该菌以病斑上的菌丝或分生孢子越冬,也可产生细小菌核越冬。翌年产生分生孢子进行传播和初侵染,后病部产生分生孢子进行再侵染。病苗和菌核是主要的传播载体。病菌的生育适宜温度为18℃～22℃。秋季和春季光照不足,天气阴湿发病重,管理粗放和排水不良也发病重。

(3)防治方法　选用抗病品种如因都卡、新明星等。及时清园,摘除病老叶子烧毁处理。选用壮苗,定植时淘汰病苗。发病初期喷布琥胶肥酸铜500倍液,或30%绿得保悬浮剂400倍液,或14%络氨铜水剂300倍液,或70%代森锰锌可湿性粉剂350倍液,10天1次,共2～3次,采收前3天停止用药。

5. 草莓白粉病

(1)症状识别　病害主要侵害叶片和嫩尖、花、果、果梗,叶柄也可受害。叶发病初期在叶面长出薄薄的白色菌丝层,随病情加重,叶缘逐渐向上卷起,叶片产生大小不等的暗色污斑和白粉状物;后期呈红褐色病斑,叶缘萎缩、焦枯。蕾受害,幼果不能正常膨大且干枯；若后期受害，果面覆盖有一层白粉，果实失去光泽、硬化且着色缓慢，严重影响浆果质量。

(2)发病规律 北方病菌以闭囊壳、菌丝体等随病残体留在地上或者在活着的草莓老叶上越冬；南方多以菌丝或者分生孢子在寄主上越冬或者越夏，成为翌年初侵染源。草莓白粉菌是专性寄生菌，主要依靠带病苗等繁殖材料进行中、远距离传播。翌年春天产生分生孢子或者子囊孢子，经气流传播到寄主叶上，以芽管和吸器从叶片表皮侵入，菌丝附生在叶面上，5 天后在侵染处形成白色菌丝丛状病斑，经 7 天后成熟，形成分生孢子飞散传播，进行再侵染。高山冷凉地与保护地栽培容易发病，品种间抗病性有差异，宝交早生、因都卡、新明星等较抗病，达娜、福羽、芳玉、春香、丽红等发病重。

(3)防治方法

①选用抗病品种：用新明星，宝交早生，因都卡等抗病品种。清除病源，冬、春季清扫园地，烧毁腐烂枝叶，生长季节时摘除病残老叶，栽植不宜过密，加强肥水管理，使植株通风透光，生长健壮。

②喷药防治：喷洒 2%农抗 120 或 2%高脂膜乳剂 80～100 倍液，于发病初期开始喷洒，隔 5～6 天 1 次，连喷 3～4 次，或者用 25%粉锈宁可湿性粉剂 3 000 倍液，或灭螨猛可湿性粉剂2 500～4 000 倍液，这些药剂都是隔1～10 天 1 次。喷洒时要使叶背面和芽的空隙间均匀着药。但要注意在高温时灭螨猛可湿性药剂会产生药害，使用时最好降低药液的浓度。

③棚内熏蒸：保护地栽培可采用 45%百菌清烟剂或速可灵烟剂按 3～3.75 千克/公顷剂量灭菌。一般用药物防治要在采收前 7 天停止用药。

6. 草莓灰霉病 是一种真菌病害，除为害草莓外，还可侵害番茄、辣椒、莴苣、茄子、黄瓜等多种蔬菜，花卉，果树等受害也很重。

(1)症状识别　灰霉病是全世界草莓上的主要病害,无论室温和露地栽培均容易发生。因灰霉病造成烂果一般可减产 10%～30%,重者达 50%以上。主要侵害叶、花、果柄、花蕾及果实。感病叶片产生褐色或褐色水渍状病斑,有时病部微具轮纹,干时褐色干腐,湿润时叶背出现乳白色绒毛状菌丝团。蕾、花及叶柄发病时最初出现油渍状淡褐色小斑,随着病斑扩大,全果变软,上生灰色霉状物,此为病原菌的分生孢子梗与分生孢子。病菌还能在被害植株上形成扁平形或不正形黑色鼠粪状菌核。

(2)发生规律　病原菌以菌丝体、菌核和分生孢子在被害植物组织内越冬,孢子通过气流传播蔓延。栽植过密、氮肥多,植株通风透光不良或湿度过大时发病重。特别是在促成和半促成栽培情况下,在多肥、密植、下部叶子没有摘除,而枝叶繁茂、株行郁闭再加上连续阴雨湿度过大时则发病快,连作田、重茬田以及宝交早生、达娜等感病品种发病重。

(3)防治方法

①预防发病:降低田间湿度,实行轮作,定植前深耕,提倡高畦栽培、地膜覆盖,以防止果实与土壤接触。选用美国 3 号、红以等抗病品种,及时摘除老、病、残叶及感病花序和病果。

②喷药防治:花序到开花前喷等量式波尔多液 200 倍液,或 10%多氧霉素可湿性粉剂 500 倍液,或敌菌丹可湿性粉剂 700～1 000 倍液,或敌菌灵可湿性粉剂 600 倍液等,10 天 1 次,直至大批果实采收结束;也可喷 50%速克灵可湿性粉剂 800 倍液,或花前喷 65%代森锌可湿性粉剂 500 倍液。

③药剂处理土壤:定植前每公顷撒施 25%多菌灵可湿性粉剂 75～90 千克后耙入土中防病效果好,保护地栽培可用 45%百菌清烟剂或速克灵烟剂 3～3.75 千克/公顷灭菌。

7. 草莓炭疽病

(1)症状识别　在我国东部地区发生较多,叶片、叶柄、托叶、匍匐茎、花瓣和浆果都可受害，可以造成烂果和植株萎蔫，有时很严重。

(2)发生规律 病菌在病组织或落地病残物内越冬。翌年现蕾期开始在近地面的幼嫩部位开始发病，当气温升至25℃～30℃时，盛夏高温季节该病易流行。一般从7月中旬到9月底发病，气温高的年份发病时间可延续到10月份。连作田发病重，老残叶多或氮肥过量可造成郁闭，在田间靠分生孢子传播，病菌还可以随病苗作异地传播，新明星、早丰86、宝交早生等较抗病。

(3)防治方法 使用抗病品种。合理密植，提高抗病能力。及时清除病残物，并集中处理。可用克菌丹、敌菌灵或50%多菌灵可湿性粉剂600倍液，或2%农抗120水剂200倍液进行防治。

8. 草莓病毒病 是由病毒引起的病害，病毒种类有多种。

(1)症状识别 该病可由多种病毒单独或复合侵染引起，特别是感染单种病毒，大多症状不显著，称为隐症。

(2)发生规律 该病主要是通过蚜虫传播，也可通过嫁接传染，但不能通过种子和花粉传染，蚜虫为持久性传毒，虫体内的循回期为24～40小时，接毒15～30小时后表现症状。

(3)防治方法

①栽培无病毒种苗：定期换种是防治草莓病毒病的主要途径。该病毒的脱毒方法主要有热处理和茎尖培养结合法，花药培养法两种，单独用热疗法或茎尖培养法很难脱毒。

②防治传毒媒介：主要是防治传毒蚜虫。

(二)草莓虫害及防治

1. 大青叶蝉 又称大绿浮尘子，是多种蔬菜和果树的重要害虫。

(1)为害状 以成虫或若虫刺吸草莓植株，叶片上有白色点的被害状，植株生长受阻，影响产量和品质。

(2)发生规律　北方1年发生3代,南方发生4～6代,以卵在枝条、苗木表皮下越冬,5～6月份出现成虫,以第二代成虫多在草莓和禾本科植物上产卵,第三代迁到果树和蔬菜上,成虫活泼善跳,趋光性强。

(3)防治方法　(参见苹果部分)。

2. 草莓粉虱　目前为害草莓的有2种粉虱,即白粉虱和烟粉虱。烟粉虱为害范围正在扩大,并且防治较为困难。

(1)为害状　成虫和若虫群集于叶背面,刺吸汁液为害,使叶片生长受阻、变黄,影响植株的生长发育,该虫能分泌大量的蜜露,能引起煤污病的发生,严重影响光合作用的发生,造成植株衰弱或枯死 。

(2)发生规律　主要为害草莓,成虫为聚集性,一片叶背有数十头成虫聚集,7～8月份成虫密度增长最快,为害最严重。

(3)防治方法　清除虫源,清除前茬作物对温室进行消毒。药剂防治,用1.8%阿维菌素乳油4 000倍液,或10%扑虱灵乳油1 000倍液,或10%吡虫啉可湿性粉剂4 000倍液,或20%灭扫利乳油2 000倍喷雾,均有较好的效果。

3. 朱砂叶螨　又称棉红蜘蛛,该螨为世界性害叶螨,可为害草莓、花生、棉花等作物。

(1)为害状　在叶背面刺吸汁液,发生时叶片苍白,严重时叶片枯焦脱落。田块如火烧一般。

(2)发生规律　东北地区1年发生12代,南方20代以上,以雌成螨在树皮缝、落叶等处越冬,早春气温达10℃以上开始大量繁殖,4月下旬至5月上旬从越冬寄主转移到田间。先在田边为害,再向周围植株扩散。先为害下部叶子再向上蔓延。以两性生殖为主,每头雌螨可产卵50～110粒,也有孤雌生殖现象,其生长发育适温为29℃～31℃,高温低湿发生严重,6～8月份受害最重。

(3)防治方法　消灭越冬虫源,清除越冬的寄主杂草。药剂防治，用1.8%阿维菌素乳油4 000倍液，或15%哒螨灵乳油2 500倍液，采收前半个月停止用药。

4. 蛴螬　是多种农作物的重要害虫，成虫是金龟子。

(1)为害状　该虫发生普遍，为害大，食性杂。幼虫主要为害草莓及各种植物的种子、根、幼苗等，成虫为害瓜果、果树及花器。

(2)发生规律　该虫的发生代数因地区而异，一般每年1代，或2～3年1代，该虫共3龄，终生在土中生活，一年中活动最适温度为13℃～18℃，高于23℃便向下移动，春、秋季为害重。

(3)防治方法　深翻土壤，或用50%辛硫磷乳油制成毒土撒施或随水浇灌，兼治蝼蛄和金针虫。

5. 蝼蛄　在我国为害较重的为华北蝼蛄和东方蝼蛄。

(1)为害状　该虫为多食性的害虫，喜食各种植物，成虫或若虫都在地下咬食播下的种子和幼芽、幼根，食害草莓主要是把草莓的幼根和幼茎咬断，使植株凋萎死亡。

(2)发生规律　华北蝼蛄3年完成1代，东方蝼蛄在南方1年发生1代，两种蝼蛄均以成虫或若虫在地下越冬，其深度为冻土层以下和地下水位以上，翌年随地温的升高而向上移动，4月上中旬进入土表层穿成许多隧道，进行取食和为害活动，5～6月份是为害高峰期，6月下旬至8月上旬为产卵期。到9月上旬以后大批的若虫和新羽化的成虫从地下升到地表活动，形成秋季的为害高峰，10月份以后陆续进入越冬。两种蝼蛄都有趋光性，对麦麸有趋性，多在低湿地活动为害，东方蝼蛄多在5～10厘米的深处做鸭梨形的卵室产卵，每雌产卵30～50粒；华北蝼蛄喜在盐碱地、地埂松软处产卵，每雌可产卵120～160粒。最多可达500粒，若虫共14龄。

(3)防治方法　用辛硫磷、乐斯本制成毒土或拌种施治，或用麦麸拌药做诱饵诱杀，或用辛硫磷作诱饵随水浇灌。

6. 蜗牛　是一种软体动物，不属于昆虫，是蔬菜、花卉的重要害虫。

(1)为害状　主要为害草莓、花卉、白菜等，靠舌头上锉形组织和舌头两侧的细小牙齿磨碎植物。

(2)发生规律　1年1代，11月下旬以成贝或幼贝在田埂或土缝、残枝落叶等物体下越冬，翌年3月份开始活动，温室2月份前即可活动，该虫白天潜伏，傍晚或清晨取食，遇到雨天多栖息在植株上，也可取食草莓的果实。

(3)防治方法　每公顷用多聚乙醛配成含有效成分2.5%～6%的豆饼粉或玉米粉，或8%灭蜗灵颗粒剂22.5～30千克压碎后拌细土75～112.5千克，在天暖时撒在植株根部，2～3天后接触药剂的蜗牛分泌大量的黏液而死亡，防治时期是3月份至4月中旬。蜗牛产卵前，有小蜗牛再防治1次，效果更好。

思考题

1. 葡萄白腐病、炭疽病的危害症状怎样？如何防治？
2. 霜霉病和黑痘病的危害症状怎样区分？如何防治？
3. 葡萄灰霉病容易在什么条件下发生？
4. 葡萄二星叶蝉的为害状如何？怎样防治？
5. 葡萄透翅蛾的为害状如何？怎样防治？
6. 发现葡萄根瘤蚜，应该采取什么措施处理？

第六章　干果类果树病虫害及防治

一、干果类果树病害及防治

干果类树种繁杂，病害种类和危害程度也各不相同。其中枣缩果病、枣锈病、枣疯病对枣树危害严重，近年发展的冬枣易感染枣锈病。柿子主要的病害有炭疽病、角斑病和圆斑病，核桃的腐烂病、枝枯病、黑斑病和炭疽病也危害严重，栗树腐烂病是板栗的毁灭性病害。

(一)枣树病害及防治

1. 枣缩果病　在我国最早发生于19世纪70年代后期，现已遍及全国各大枣区，危害日趋严重，已成为枣树生产上的毁灭性病害。

(1)症状识别　主要危害枣果而导致大量落果。果实发病后，首先出现不规则的浅黄色晕环病斑，边缘较清晰，进而果皮转呈水渍状，土黄色，边界不清，疏布针刺状圆形褐点，以后病斑逐渐扩大，因糖分快速上升，颜色逐渐变深为红褐色，最后整个病果呈暗红色，失去光泽，病果因失水而萎缩。病部果肉初为浅黄色小斑，严重时大片直至整个果肉变黄褐色，病组织味苦，不堪食用，果柄变为黑褐色。病果出现危害状后一般2～7天即脱落。

(2)发生规律　到目前为止，对枣缩果病的病原仍存在很大争议，但许多学者都证明几种真菌或细菌单独侵染或混合侵染均可引发枣缩果病，认为枣缩果病属于一种多病原病害。

枣缩果病的病原在树体的各个部位，如枣树皮、枣吊、枣头、枣枝条、枣落叶、病果等均可越冬,但在越冬部位不表现症状。不同病原在树体上的分布不同,并且同一部位上优势病原种类因地区不同而有明显差异。枣缩果病从枣树花期到采收前均可侵染。病原菌主要通过各种伤口侵入危害。幼果期发病轻,近成熟期发病重。果实梗洼变红至果面1/3变红的着色前期,果肉糖分达到18%以上、pH5.5～6、气温26℃～28℃,是发病最盛时期,此时如遇上阴雨连绵或夜雨昼晴的天气,往往暴发成灾。不同枝龄以1～2年生枝发病较轻、多年生枝发病重。树势弱发病早而重,强壮树发病晚而轻。7～8月份阴雨天多、雨量大,则发病重。不同枣品种间的抗病性也有差异。山西临猗梨枣、河北赞皇大枣及河南桐柏大枣最易感病,其次为新郑灰枣、木枣、灵枣等,酸枣、新郑鸡心枣、山东枣区的圆铃系和长红品种极少发病。间作物种类与枣缩果病发病轻重也有一定相关性。间作玉米等高秆作物发病重,棉花次之;间作红薯、花生等低秆作物发病轻。

(3)防治方法

①选育抗病品种:根据当地气候和土质条件,选择适宜的抗病枣树品种。

②农业防治:加强土肥水管理,合理整形修剪,改善树体营养和通风透光条件,增强树势,提高树体的抗病能力。及时清除枯枝落叶及病、落果后集中烧毁。

③防治传病昆虫:前期(4～7月份)喷施75%辛硫磷乳剂1500倍液,或10%安绿宝乳油1500～2000倍液防治食芽象甲;25%灭幼脲3号胶悬剂1500～2000倍液,或4.5%高效顺、反式氯氰菊酯乳油1500～2000倍液,或1.8%齐螨素4000倍液等高效杀虫杀螨剂,防治叶蝉、壁虱、红蜘蛛;25%优乐得悬浮剂1500～2000倍液防治日本龟蜡蚧;后期(8～9月份)4.5%高效氯氰菊酯乳油1500倍液,或20%氰戊菊酯乳油2000倍液等杀虫剂防治桃小食心虫等。

④药物防治：8 月上旬至下旬，每隔 10 天喷布 1 次 80%枣病克星可湿性粉剂 600～800 倍液，或 140 单位/毫升的土霉素、链霉素、卡那霉素或 50%DT 800 倍液，或 50%甲基托布津可湿性粉剂 1 000 倍液，或 50%多菌灵可湿性粉剂 600～800 倍液。

2. 枣疯病　在全国各枣区均有发生，是枣树的一种毁灭性病害，轻则疯长不结果，重则死枝、死树，甚至毁园。

(1)症状识别　枣疯病在枣树根部、枝、叶、花、果都有发生，其表现症状因发病部位不同而异。一般有 6 种表现形态。

① 病根：病根变为褐色或深褐色，形成斑点性溃疡斑，导致烂根。病根常萌发大量丛生小根。这些丛生的病根长至 30 厘米左右时，即停止生长而枯死，其母根也相继死掉。

② 丛枝：发病枝条的顶芽和腋芽大量萌发成枝，其上芽又萌发小枝而成丛生枝。丛生枝条纤细，节间短，叶片小，呈“扫帚”状。病枝在秋季干枯，冬季不易脱落。

③ 花叶：不常见，多发生在嫩枝顶端，叶片出现黄绿相间的斑，或出现叶脉透明状及黄化。叶面凹凸不平，质地发脆，叶缘不规则地向上卷曲，有时病枝上的刺也可变成小叶。

④ 花变叶：花蕾发病，花柄伸长呈小枝状，花萼变成叶片，雄蕊有时也变成小叶片，表现出花器返祖现象。

⑤ 病果：发病晚的枝尚能结果。病果大小不整齐，着色不均匀，或有花脸状绿斑，有的病果小而狭，变为锥形，有的果面有疣状凸起或坑洼不平，有的病果干缩或变黑脱落。病果内部空洞，不堪食用。

⑥ 枣吊变态：发病枣吊先端延长，延长部分叶片小，有明脉。

病原旧称类菌原体(MLO)，1994 年在法国波尔多召开的第十届国际菌原体组织大会上改称为植原体。发病初期，多数植株 1 个或多个小枝先出现病症，有的是根蘖先发病或与枝条同时发病，后逐渐扩展到全树。树上部枝一般先发病，也可各部位同时突发症状。当年生枣头和同生的根蘖苗,症状表现最明显,树势强的树发病快。植株发病后,小树1～3年、大树5～6年逐渐衰竭死亡。此病传播速度极快,病株率每年可增加10倍,对生产威胁很大。

(2)发生规律　该病可通过媒介昆虫和嫁接传播,其中媒介昆虫的大发生是导致枣疯病的重要原因。目前已知中华拟菱纹叶蝉、橙带拟菱纹叶蝉、凹缘菱纹叶蝉和红闪小叶蝉4种叶蝉是重要的传毒昆虫。接穗或砧木也可传毒,其潜育期长短与嫁接部位、时间和树龄有关,最短为25天,最长可达382天。病原侵入树体7～10天后向下运行到根部,增殖后又从下而上运行到树冠,引起疯枝,小苗当年显症,大树一般在翌年才显症。病原通过韧皮部的筛管运转。病枝中有病原,病树健枝中基本没有。生长季节,病枝和根部都有病原;休眠季节末(3～4月份),地上部病枝中基本没有病原,而根部有病原。

枣园生态条件与枣疯病的发生和流行关系密切。

①土壤干旱瘠薄,管理粗放,树势衰弱的低山丘陵枣园发病严重;杂草丛生,周围有松、柏和刺槐及间作芝麻的枣园发病重,这与传病叶蝉数量有关;土壤酸性,石灰质含量低的枣园发病重;管理水平高的平原沙地枣园发病轻。

②靠自生根蘖苗培育成株的枣区病情发展快,而单株栽植的枣区发病较轻。

③阳坡比阴坡发病重,海拔500米以上的枣园发病较轻。

④在不同品种间发病有差异,山西的婆婆枣、山东的长红枣、河南的九月青、灵宝大枣等品种较抗病。

(3)防治方法

①培育无病苗木,加强苗木检疫。分株繁殖时,注意选择无病母株的根蘖苗;嫁接时,采用无病毒砧木和接穗,并注意做好嫁接工具的消毒,以防交叉感染。从外地引进苗木要严格进行检疫。

②清除病原，及早铲除病株病蘖，防止传播蔓延。注意对病株和病苗进行检查，发现重病树应立即刨除，要刨净根部，以免萌生病苗；对初期感染、症状轻的病株，应及早剪除病枝，并集中烧毁。

③切断传播途径，防治传病昆虫，切断传毒途径，防止病害蔓延。新建枣园附近不要栽种松、柏等树，严禁与芝麻间作，以减少叶蝉的吸毒为害。

4 月下旬枣树萌芽时，喷布 50%辛硫磷乳油 1 000～1 500 倍液防治中国拟菱纹叶蝉等初龄幼虫；5 月中旬（花前）喷布 10%氯氰菊酯乳油 1 500 倍液防治第一代若虫，兼治凹缘菱纹叶蝉等；6 月下旬（盛花后）喷布 80%敌敌畏乳油 1 500 倍液防治中国拟菱纹叶蝉成虫；7 月中旬喷 20%速灭杀丁乳油 2 000 倍液防治中国拟菱纹叶蝉和凹缘菱纹叶蝉。

④加强土肥水综合管理，增施有机肥和磷、钾肥，缺钙土壤要追施钙肥，改善树体营养状况，增强树体的抗病能力。对轻病树可用四环素族药物，每年用药 2 次，先于树液流动前，在干基部 4 个方向，用树干注射机分别注入 1 000 万单位土霉素 100 毫升，共 400 毫升；在秋季树液回流根部前再用同法注射 1 次。在萌芽前（4 月份）在病枝同侧树干凿 2～3 个孔，深达木质部，将薄荷水 50 克、龙骨粉 100 克、铜绿 50 克研成细粉，混匀后用纸筒送入孔内，每孔 3 克，再用木楔钉紧，用泥封严，杀死病原体。

⑤环锯治疗。一是主干环锯，从地面以上 20～30 厘米开始，每隔 15～20 厘米，在主干上锯一环，最少应锯 3 环，锯口深达木质部。其作用是把枣疯病菌控制在锯口以上的局部枝条内，阻止病菌通过韧皮部的筛管向下运至根部。二是主根环锯，挖开树基土层，露出主根，在主根基部进行环锯，要求与主干环锯相同。挖开根围土壤，将侧根全部切断，而后浇水施肥，促进树势恢复。

3. 枣锈病

(1)症状识别　是枣树重要的流行性病害。全国各地均有发生，以河南、山东、安徽、河北等省严重。

受害严重的树多于8～9月份叶片落光，果实不能正常成熟，往往提前脱落，产量大减，果实品质差，而且会造成翌年树势衰弱，严重影响树体生长发育。主要危害叶片，多在中脉两侧、叶尖和基部出现病斑，严重时扩散至全叶。发病初期，叶片局部褪绿变黄，叶背出现散生浅绿色小点，正面隐约现出褪绿小斑；背面小点渐变浅灰褐色，最后突起、呈黄褐色泡斑(夏孢子堆)。后期泡斑表皮破裂，散出黄色粉状的夏孢子；叶正面的小斑变成不规则的黄褐色角斑。泡斑破裂后，病叶容易脱落。8～9月份病情进展快时，多数叶片未出现褪绿危害状，即出现泡斑而脱落。严重时，突起泡斑布满全叶，甚至少量出现在果面、枣吊上，后期导致叶片大量干枯脱落，幼果脱落，一般减产20%～60%，严重时绝产。

(2)发生规律　病原菌主要以夏孢子堆在病落叶上越冬，成为翌年初侵染最主要的来源(当地病落叶上的夏孢子堆)。据观察，越冬的夏孢子在6月下旬至7月上旬雨水多、湿度大、温度高时开始萌发，并从气孔侵入叶片，7月中下旬开始出现危害状和少量落叶。靠风雨进行再侵染。7月中旬以后，高温、高湿有利于病菌侵染蔓延。8月中下旬病树开始大量落叶。7～8月份降水量少于150毫米发病轻，达到250毫米发病重，超过330毫米暴发成灾；一般雨季早、降水多、气温高、湿度大的年份发病重且早；树下间作高秆农作物的枣园和枣行郁闭、环境潮湿、通风不良的枣园发病重；低洼地比高燥坡岗地发病重。发病先从树冠下部、中部开始，以后逐渐向冠顶发展。枣树品种间抗病性有差异，一般金丝小枣、赞皇大枣、灵宝大枣等较抗病，新郑灰枣次之，木枣、内黄扁核酸枣最感病。

(3)防治方法

①加强栽培管理：栽植不宜过密，合理整形修剪，以利于通风透光。雨季要及时排除积水，防止果园过于潮湿。平时及时清扫

落叶，集中烧毁或深埋，以减少初侵染源。枣粮间作时，近树冠处宜种豆类等低秆作物。因地制宜选栽抗病品种。

②喷药防治：花后7～10天，7月上旬和8月初为防治的最佳时期。花后先喷15%粉锈宁可湿性粉剂1 500倍液，或12.5%烯唑醇可湿性粉剂2 000倍液，然后于7月上旬和8月初各喷1次1∶2∶200波尔多液。如6～8月份雨量偏少可单一使用波尔多液，连续降雨后，及时喷洒12.5%烯唑醇可湿性粉剂2 000倍液等内吸性杀菌剂。

(二)核桃病害及防治

1. 核桃炭疽病

(1)症状识别　在河南、山东、河北、山西、陕西、四川、江苏、辽宁等地均有不同程度发生，新疆核桃受害较严重。该病主要为害果实，造成早期脱落或核桃仁不饱满，发病严重年份造成减产。除危害核桃、核桃楸的果实，叶、芽、嫩枝、苗木及大树也可受害。果实受害后，病斑初为黑褐色，近圆形，后变黑色凹陷，逐渐扩大为近圆形或不规则形，中央产生许多褐色至黑色小点，多呈同心轮纹状排列，此为病菌的分生孢子盘，天气潮湿时涌出粉红色的分生孢子团。病斑扩大成片后，整个果实变暗褐色最后腐烂、变黑、发臭，果仁干瘪。叶片感病后发生黄色不规则病斑，在叶脉两侧呈长条状枯斑，在叶缘发病约1厘米宽处呈橘黄色病斑。严重时全叶变黄造成早期落叶。苗木和嫩枝、芽感病后，常从顶端向下枯萎，叶片焦枯脱落。

(2)发生规律　病原菌以菌丝体在病果、病叶、病枝和芽鳞中越冬，翌年4～5月份形成分生孢子，借风雨及昆虫传播，从伤口和自然孔口侵入，潜育期4～9天。各地发病时期不同，河南、山东、江苏多在6月下旬或7月份发病，河北在8月份发病严重。每年发病早晚和轻重与雨水大小、降雨早晚关系密切。通常降雨早，空气湿度大时,发病早且重、蔓延快;干旱少雨年份发病轻;园内郁闭、通风透光不良及地下水位高时发病较重。病果多分布在树冠中部和内膛,顶部和下部则病果较少。不同核桃类型和品种抗炭疽病能力有所不同。核桃园和苹果园距离近时发病也重。

(3)防治方法　选育抗病品种,选用无病苗木定植。及时从园中捡出落果病果,扫除病落叶,结合冬剪,剪除病枝,集中烧毁。栽植早实矮冠品种时,注意合理密植和株行距间通风透光良好。发芽前喷洒 3～5 波美度石硫合剂,消灭越冬病菌。展叶期和 6～7 月间各喷洒 1∶0.5∶200 倍波尔多液 1 次。发病严重的核桃园,于 5～6 月份发病期间,喷洒 70%甲基托布津可湿性粉剂 800～1 000倍液,或 40%退菌特可湿性粉剂 800 倍液,或 25%炭特灵可湿性粉剂 500 倍液,并与 1∶2∶200 倍波尔多液交替使用。

2. 核桃枝枯病

(1)症状识别　该病在河南、山东、河北、陕西、山西、江苏、浙江、云南、黑龙江、吉林、辽宁等省均有发生,多发生在 1～2 年生枝条上,严重地块病枝率可达 20%～30%,造成大量枝条枯死,影响树体发育和核桃产量。病菌先侵害幼嫩的短枝(1～2 年生枝条),从顶端开始渐向下蔓延直至主干。被害枝条皮层初呈暗灰褐色,后变为浅红褐色或深灰色,大枝病部下陷,病死枝干的木栓层散生很多黑色小粒点,即病原的分生孢子盘。受害枝上的叶片逐渐变黄脱落,表皮失绿变成灰褐色,逐渐干燥开裂,病斑围绕枝条一周后枝干枯死。湿度大时,分生孢子盘上涌出大量黑色短柱状分生孢子,湿度增高可形成长圆形,直径 1～3 毫米的黑色孢子团块。

(2)发生规律　病原为弱寄生菌,以分生孢子盘或菌丝体在枝条、树干的病部越冬。翌年春条件适宜时产生的分生孢子借风雨、昆虫从伤口或嫩梢进行初次侵染,发病后又产生孢子进行再侵染。5～6 月份发病,主要危害生长衰弱的老树和粗放管理或结果过量造成树势衰弱的枝条。空气湿度大和雨多年份发病较重,受冻和抽条严重的幼树易感病。冬季低温或干旱年份发病较重，可以发展到5～6年生枝上或大枝上。山坡地发病较重。

(3)防治方法　加强核桃园栽培管理，增施肥水，增强树势，提高抗病能力。彻底清除病株、枯死枝，集中烧毁。核桃剪枝应在展叶后落叶前进行，休眠期间不宜剪锯枝条，引起伤流而死枝死树。冬季或早春树干涂白。涂白剂配制方法为：生石灰12.5千克，食盐1.5千克，植物油0.25千克，硫黄粉0.5千克，水50升。主干发病，一般应于早春刮除病斑，亦可在生长季节发现病斑及时刮除，刮后用3～5波美度石硫合剂或5%菌毒清水剂30倍液涂抹消毒。

3. 核桃黑斑病

(1)症状识别　遍及河南全省，其他各省核桃产区均有发生。造成早期落叶、落果、桃核出仁率降低，严重影响核桃的产量和品质。危害核桃叶片、新梢、果实及雄花和苗木。在嫩叶上病斑呈褐色、多角形，在老叶上病斑呈圆形，中央灰褐色，边缘褐色，有时外围有黄色晕圈，中央灰褐色部分有时形成穿孔，严重时病斑互相连接。有时叶柄可出现边缘褐色，中央灰色，外围有黄晕圈病斑，枝梢上病斑长形，褐色，稍凹陷。果实受害初期表面出现小而稍隆起的油浸状褐色软斑，后迅速扩大、渐凹陷变黑，外围有水渍状晕纹，果实由外向内腐烂至核壳。在果核尚未变硬前，病菌向核内蔓延危害种仁，最后全果变黑脱落。

(2)发生规律　病原菌在感病果实、枝梢、芽或茎的病斑上越冬，翌年春自病斑内溢出，借风雨和昆虫传到叶、果及嫩枝上，也可借花粉传播。细菌自气孔、皮孔、蜜腺及各种伤口（虫伤、日烧伤、冰雹伤等）侵入，核桃举肢蛾蛀果口最易受细菌侵染。一般5月中旬左右开始发病。发病与雨水关系密切，雨后病害常迅速蔓延。展叶及花期最易感病。细菌侵染的适温，幼果为5℃～27℃，叶片为4℃～30℃。

(3)防治方法　选育和栽培抗病品种。加强土、肥、水管理，山区注意刨树盘，蓄水保墒，保持树体健壮生长，增强抗病能力。及时清除病叶、病果、病枝和核桃采收后脱下的果皮，集中烧毁或深埋。及时防治核桃举肢蛾等害虫，采果时避免损伤枝条。核桃发芽前喷洒1次3～5波美度石硫合剂，展叶时喷洒1∶0.5∶200波尔多液，或用72%农用链霉素可湿性粉剂7000倍液，或70%消病灵可湿性粉剂1000倍液，于雌花开花前、开花后和幼果期各喷1次。

4. 核桃溃疡病

(1)症状识别　主要危害核桃苗木、大树的干部和主枝，果实也可受害，可造成树势衰弱，甚至全枝死亡。该病在树干和主侧枝基部出现褐色或黑色近圆形溃疡斑，后扩大成长梭形病斑或水泡斑，破裂后流褐色液体，病斑干缩下陷，中部开裂，并散生许多小黑点，即病菌分生孢子器。潮湿时小黑点上溢出乳白色分生孢子角。

(2)发生规律　病菌主要以菌丝体在当年病皮内越冬，翌年4月份气温上升到11.4℃～15.3℃时开始活动，5月下旬气温达28℃左右时，分生孢子大量形成，借风雨传播，多从伤口侵入，发病达高峰期。6月下旬气温30℃以上时，病害基本停止蔓延，入秋后温、湿度适宜时，病害再次发展，但没有春季重。土壤贫瘠，土质黏重，排水不良，地下水位高，树体生长不良，发病普遍而严重。管理粗放、不施肥、不修剪、冻害、虫害造成伤口多，导致树势弱的常发病重。

(3)防治方法　防旱排涝，增施有机肥或种绿肥，改良土壤，增强树势。合理修枝整形，改善树冠结构，提高光能利用率。清除并烧毁病虫枝，减少感病来源。枝干和主枝基部刷涂白剂。4、5、8月份各喷1次50%甲基托布津可湿性粉剂200倍液，或80%“402抗菌剂”乳油200倍液。刮去病斑枝皮至木质部或在病斑处横、纵割几条口子，涂刷3波美度石硫合剂，或1%硫酸铜液，或5%菌毒清水剂 50 倍液，灭菌消毒。

5. 核桃仁霉烂病

(1)症状识别　核桃仁发病后，坚果外壳无明显受害状，但重量减轻。打开壳后，核仁干瘪或变黑，种仁表面生有绿色或粉红色、甚至黑色霉层，有苦味或霉酸味。核桃仁霉烂病全国各地均有发生，是核桃贮藏过程中的常见病害，也有的是在生长期发病后带入贮藏窖的。

(2)发生规律　该病病原较为复杂，有多种病原菌。各种真菌的孢子都广泛散布于空气中、土壤里及果实表面，当果实有破伤，虫蛀等伤口时，真菌孢子萌发的芽管即可从伤口侵入。当贮藏场所通气不良、湿度高或果实内含水量高时，均可引发此病。

(3)防治方法　采果时尽量避免果皮损伤或于贮藏前剔除虫蛀果。包装用麻袋和贮藏场所用甲醛或硫黄密封熏蒸消毒。贮藏场所应保持低温和通风，防止潮湿。

(三)板栗病害及防治

1. 板栗干枯病

(1)症状识别　板栗干枯病是世界性栗树病，在欧美各国广为流行，几乎毁灭了所有的栗林，造成巨大损失。我国板栗被世界公认为是高度抗病的树种。近年来板栗干枯病在四川、重庆、浙江、广东、河南等地均有发生，部分地区已造成严重危害。

被害栗树轻则局部树干感染，树势衰弱，重则树干溃烂，造成死亡。该病在主干、主枝和小枝上均有发生。发病初期病部表皮出现圆形或不规则的褐色病斑，病部皮层组织松软、稍隆起，有时流出黄褐色汁液，剥开病皮可见病部皮层组织溃烂，木质部变红褐色，呈水浸状，有浓烈的酒糟味。后病斑不断增大，可侵染树干一周，并上下扩展。病斑干燥后树皮纵裂，春季在受害树上可见许多橙黄色疣状子座，直径 1～3 毫米，潮湿时，从子座内排出黄色卷须状的分生孢子角,秋后子座变为橘红色,内部形成子囊壳。病皮下和木质部之间,常生有白色羽毛状扇形菌丝层,后变为黄褐色。

(2)发生规律　病原为真菌,病原菌以子座和扇状丝层在病皮内越冬,分生孢子和子囊孢子均能侵染,分生孢子于5月开始释放,借雨水、昆虫、鸟类从伤口侵入,子囊孢子于12月上旬成熟释放,借风传播,也从伤口侵入寄主。新病斑始现于3月底或4月初,扩展迅速,至10月份逐渐停止。该病菌为弱寄生菌,栗园荒废,管理不善,过度修枝,树势衰弱,人、畜破坏,都会引起树势衰退而诱发此病。病菌可随苗木传到外地,还能潜伏到栎树上危害,以后再转移到栗树上。

(3)防治方法

①严格检疫:禁止病区的苗木、接穗运往无病区,可防止带毒菌系的侵染,这也是防治板栗干枯病的重要途径。

②增强树势:加强栗园管理,适时施肥、浇水、中耕、除草,以增强树势,提高抗病力,并及时防治蛀干害虫,严防人、畜损伤枝干,减少伤口侵染。

③清除病部:及时剪除病死枝,对病皮、病枝,应带出栗园,彻底烧毁,防止病菌在园内飞散传播。

④刮治病斑:刮除主干和大枝上的病斑,深达木质部,涂40%腐烂敌或843康复剂原液,或涂“402抗菌剂”400～500倍液,并涂波尔多液作为保护剂。

2. 栗树腐烂病

(1)症状识别　发病初期病部变褐、水浸状、稍隆起,病部组织变褐腐烂,常流出褐色汁液。后期病部干缩、凹陷,病斑表面密生橙黄色颗粒状突起(病菌的分生孢子器),雨后常涌出卷须状黄色孢子角。小枝上发病,病斑变暗褐色,呈枯枝状,后期生出黑色小粒点状突起(分生孢子器)。

(2)发生规律　病原菌为真菌,以菌丝体、分生孢子器和子囊壳在病组织上越冬。树萌动期产生分生孢子，借风雨传播，伤口侵入。早春发病严重。

(3)防治方法 加强管理，增强树势，提高树体抗病力。清除菌源，及时锯除病枝烧毁。晚秋或早春树干涂白，防止冻伤和日烧(涂白剂配方：生石灰：食盐：水＝1：0.3：10)。发病时，用刀刮除病斑，应刮至健部，在病斑上涂食用碱10倍液，或10%双效灵水剂10倍液，或20%农抗120水剂10倍液，或80%“402抗菌剂”乳油50倍液，连涂2～3次。

3. 板栗叶斑病

(1)症状识别 又称轮纹叶斑病，发生在辽宁、河南等板栗产区，危害板栗、槲树的叶片。在叶片上形成枯死的病斑，严重时造成早期落叶，影响栗树的正常生长，对苗木和幼树危害较大。初期在叶面产生褪绿小斑点，逐渐扩展为黄褐色至黑褐色病斑，近圆形或不规则形，边缘色较深，外围叶组织褪色，形成黄色晕圈。发病后期，在病斑上形成虫粪状黑色小粒点。病斑大小不一，多数可连成大斑，中部淡褐色，边缘深褐色，严重时叶片枯死，造成早期落叶。

(2)发生规律 病原菌在地面落叶上越冬，而为翌年初侵染源。病害多发生在雨季过后，在雨水较多时期和多雨年份发病较重。

(3)防治方法 消灭越冬病原菌，清除落叶，烧毁病枝，消灭越冬病原菌。提高抗病力，改善栗园通风、透光条件，加强抚育管理，提高栗树的抗病力。喷药防治，发病期前向叶面喷洒1：1：120～160的波尔多液，进行预防，或在栗树发芽前喷洒2～3波美度石硫合剂，或5%硫酸铜溶液防治。在初见病斑时，喷50%多菌灵可湿性粉剂1000倍液，或70%甲基托布津可湿性粉剂800倍液，或25%百菌清600～800倍液，或65%代森锌500～600倍液。

(四)柿树病害及防治

1. 柿树炭疽病

(1)症状识别　此病主要危害果实、枝梢和苗木枝干,树叶发病较少。果实发病初期,在果面上先出现针头大、深褐色或黑色小斑点,后病斑扩大呈近圆形、凹陷病斑,直径达 5 毫米以上。病斑中部密生轮纹状排列的灰色至黑色小粒点(分生孢子盘)。空气潮湿时,病部涌出粉红色黏稠物(分生孢子团)。受害果变红变软,提早脱落。新梢发病初期,产生黑色小圆斑,后扩大呈椭圆形的黑褐色斑块,中部凹陷纵裂,并产生黑色小粒点,病斑长 10～20 毫米,宽 7～12 毫米,新梢易从病部折断,严重时病斑以上部位枯死。叶片受害时,先在叶尖或叶缘开始出现黄褐斑,逐渐向叶柄扩展。病叶常从叶尖焦枯,叶片易脱落。

(2)发生规律　病菌发育最适温度为 25℃左右,低于 9℃或高于 35℃,不利于此病发生蔓延。病菌主要以菌丝体在枝梢病斑中越冬,也可在病果、叶痕和冬芽中越冬,翌年初春即可产生分生孢子进行初侵染。分生孢子主要借助风雨、昆虫传播,侵害新梢和幼果。病菌从伤口、气孔等孔口侵入。炭疽病一般在 3 月份开始发病,6 月份病果开始脱落,炭疽病在多雨季节出现发病盛期,因此时气温已高,雨水多,空气湿度大,光照不足,有利于病菌发育。每下 1 次雨便产生 1 次分生孢子,侵染 1 次,成为暴发性病害。炭疽病菌喜高温、高湿环境,雨后气温升高,易出现发病高峰;夏季多雨年份发病重,干旱年份发病轻;土质黏重,排水不良,偏施氮肥,树势生长不良,病虫危害严重的柿园发病亦严重;管理粗放、树势衰弱的易发病。

(3)防治方法

①农业防治:一是完善水系,确保排灌畅通。雨水过多,排水不畅,加重病害发生。因此,在雨季到来之前,应完善水系配套,保

证雨止田干，及时降湿。二是改善通透性，防止园内郁闭。通过夏剪剪除密集枝、瘦弱枝、病虫枝，改善园内通风透光条件，降低田间湿度。三是平衡施肥，促进树体健壮。多施有机肥，增施磷、钾肥，不偏施氮肥，培养中等偏强的树势。四是清洁果园，彻底清除菌源。冬季结合修剪，彻底清园，剪除病枝梢，摘除病僵果；生长季及时剪除病梢、摘除病果，减少再侵染菌源。

②化学防治：引种苗木时，应除去病苗或剪去病部，并用1∶4∶80波尔多液或20%石灰液浸苗10分钟，然后再定植。在发芽前，喷1次0.5～1波美度石硫合剂，再用5千克生石灰加1千克硫黄粉加15升清水调匀涂白树干至分支处，以减少初侵染源。在春梢、夏梢、秋梢抽出刚展叶时喷洒杀菌剂保护嫩梢，开花前及时喷药保护花蕾。在幼果期从落花期开始用药，一般间隔15～20天喷药1次，连喷2～3次杀菌剂保护幼果。常用药剂除石硫合剂外，也可喷洒2%农抗120或45%硫黄胶悬剂200～300倍液，或15%粉锈宁可湿性粉剂1 000～1 500倍液，或1.5%多氧霉素可湿性粉剂600～800倍液，或40%福星乳油6 000～8 000倍液，或50%甲基托布津可湿性粉剂800倍液。发病严重的地区，可在发芽前加喷5波美度石硫合剂。在第二次生理落果前不宜使用含铜杀菌剂。

2. 柿角斑病

(1)症状识别　该病在我国发生很普遍。主要危害柿和君迁子的叶片及果蒂，造成早期落叶，枝条衰弱不成熟，果实提前变软脱落，严重影响树势和产量，可诱发柿疯病。叶片受害初期正面出现不规则形黄绿色病斑，边缘较模糊，斑内叶脉变为黑色。以后病斑逐渐加深成浅黑色，10多天后病斑中部褪成浅褐色。病斑扩展由于受叶脉限制，最后呈多角形，其上密生黑色绒状小粒点，有明显的黑色边缘。柿蒂发病时，病斑发生在蒂的四角，呈淡褐色，形状不定，由蒂的尖端逐渐向内扩展。蒂两面均可产生绒状黑色小粒点,落叶后柿子变软并相继脱落,而病蒂大多残留在枝上。因枝条发育不充实,冬季容易受冻枯死。

(2)发生规律　柿角斑病病菌以菌丝体在病蒂、病叶内越冬,翌年环境条件适宜时,产生大量分生孢子,通过风雨传播,进行初侵染。故阴雨较多的年份发病严重。8 月份为发病盛期,随后便大量落叶、落果。病蒂常能在树上残存 2～3 年,成为再侵染的主要病源。

柿叶的抗病力与树势有关,树势强的抗病力强,反之易感病。抗病力还因发育阶段不同而异。幼叶不易受侵染。地势低湿处栽培或周围种植高秆作物的柿树,以及内膛叶片,由于空气相对湿度较高,一般发病早而严重。丘陵地栽植的柿树发病较轻。病菌越冬量与发病轻重也有关系,树上残留病蒂多的树,发病早而严重。君迁子树上残留病蒂多,因而靠近君迁子树的柿树,发病早而严重。君迁子苗木易感病,能造成严重落叶。

(3)防治方法

①加强管理,增施有机肥料,改良土壤,促使树势生长健壮以提高抗病力。柿树周围不种高秆作物,注意开沟排水,以降低果园湿度,减少发病。避免柿树与君迁子混栽。

②清除病原:对于结果树来说,挂在树上的病蒂是主要的侵染源和传播中心。从落叶后到翌年发芽前,彻底摘除树上残存的柿蒂,剪去枯枝烧毁,以清除病源。在北方柿区,只要彻底摘除柿蒂,即可避免此病成灾。

③喷药保护时要抓住关键时间,一般北方地区为 6 月下旬至 7 月下旬,即落花后 20～30 天。可用 1∶5∶400～600 波尔多液喷 1～2 次,或喷 65%代森锌可湿性粉剂 500～600 倍液。南方柿区,因温度高,雨水较多,喷药时间应稍提前,可参考当地物候期,提早 10 天左右,可喷药 2～3 次,药剂与北方相同。

3. 柿圆斑病

(1)症状识别　主要危害叶片，有时也侵染柿蒂，造成早期落叶，并引起柿果提前变红、变软脱落，严重影响产量。由于树势削弱，可引起柿疯病的发生。在叶片上，最初叶面出现圆形浅褐色的小斑点，边缘不清，逐渐扩大呈圆形，深褐色，边缘黑褐色病斑，最大可达 7 毫米，1 片叶子最多可出现 500 多个病斑。发病后期在叶背可见到黑色小点粒，即病菌的子囊壳。发病严重时，病叶在 5～7 天内即可变红脱落，大量落叶时间是在采前 1 个月左右，接着柿果也逐渐变红、变软，相继脱落。病斑主要生于叶面，其次是主脉。危害叶脉时，使叶呈畸形。一般平原发生角斑病较多，而圆斑病多发生在山地柿树上。

(2)发生规律　病原菌以菌丝在病叶或病蒂上越冬。翌年4～5 月份形成子囊壳，子囊孢子在 6 月中旬成熟，借风力传播，由气孔侵入。在北方地区，一般经过 60～100 天的潜育期，8～9 月份开始出现危害状，10 月上中旬开始大量落叶，1 年仅有 1 次入侵。在阴雨连绵的年份或潮湿气候发病较重。

(3)防治方法

①增强树势：加强栽培管理，如改良土壤、合理施肥等均可增强树势，提高抗病力，以减轻此病的发生。避免与君迁子混栽。

②清除病菌：秋季彻底清扫落叶，集中沤肥或烧毁，要清除越冬菌源，必须大面积进行，才能收到较好的效果。

③喷药保护：在 6 月上旬柿树落花后，子囊孢子大量飞散以前，喷 1∶5∶400～600 波尔多液，保护叶片。一般地区喷药 1 次即可，重病地区，15 天后再喷 1 次，基本上可以防止落叶、落果。也可以喷 65%代森锌可湿性粉剂 500～600 倍液。

4. 柿黑星病

(1)症状识别　该病主要在河南、陕西等地发生。危害柿树的新梢和果实。在苗木上主要侵害幼叶和新梢，影响苗木正常生长，大树可引起落叶、落果。对作砧木的君迁子危害也较重。叶片上的病斑初期呈圆形或近圆形,中央褐色,边缘有明显的黑色界线,外侧还有2～3毫米的黄色晕圈,病斑背面有黑霉,即为病原菌的分生孢子丛。老病斑的中部常开裂,病组织脱落后形成穿孔。如病斑出现在中脉或侧脉上,可使叶片发生皱缩。病斑多时,病叶大量提早脱落。叶柄及当年新梢受害后,可形成椭圆形或纺锤形凹陷的黑色病斑,其中新梢上的病斑较鲜艳夺目。最后病斑中部龟裂,形成小型溃疡。果实上的病斑与叶上的病斑略同,但稍凹陷。萼片被害时产生椭圆形或不规则形的黑褐色斑。

(2)发生规律　病菌以菌丝形态在病梢上的病斑内越冬或在残留柿蒂上越冬,翌年4～5月份产生大量的分生孢子,经风雨传播,侵入幼叶、幼果和新梢。在一个生长期中进行多次侵染。6月中旬以后引起落叶,夏季高温时停止扩展,至秋季又危害秋梢和新叶。君迁子最易感病。

(3)防治方法　结合修剪剪去病枝和病蒂,清除病源,集中烧毁。避免与君迁子混栽。

柿树发芽前喷1次5波美度的石硫合剂,或在新梢长至5～6片新叶时喷布0.3～0.5波美度石硫合剂1～2次。从5月初病梢初现期至8月上旬每隔15～20天喷1次药,连喷2～3次。常用药剂为40%新星乳油8 000～10 000倍液,或80%喷克或大生M-45可湿性粉剂800倍液,或70%代森锰锌可湿性粉剂600倍液,或68.75%易保水分散粒剂1 500倍液,或50%甲基托布津可湿性粉剂500～800倍液。也可在5月中旬喷0.5%尿素溶液2次,6月中旬至7月上旬喷0.2%～0.3%磷酸二氢钾溶液2次,可减轻发病程度。

5. 柿疯病

(1)症状识别　该病主要发生在河北、山西、河南太行山柿产区,其他产区也有部分发生。柿树感病后生长异常,枝条直立徒长，发育不充实。树体发病由于枝条旺长，营养物质消耗多，坐果率低，果实提前变软脱落，严重时绝收甚至死树。病树或病枝发芽迟，展叶抽梢缓慢，现蕾晚，一般较健树晚10天左右。病树枝条向上直立生长，节间长，冬、春季枝条大量干枯死亡。从基部的隐芽、不定芽再抽新梢，徒长、丛生形成“鸡爪枝”，病枝表皮粗糙，质脆易断，纵剖木质部有黑色纵短条纹，横切面呈断续环状黑褐色病变。病叶外观和果面一般多表现凹凸不平，叶大而薄、质脆。病株叶脉开始为绿色，最后也变为红色，但果肉变硬。病果提早变软脱落，柿蒂仍留在树枝上。

(2)发生规律　当新叶包在芽包鳞片中尚未展开时已有病变，叶病变高峰期在5月下旬(花期)，6月上旬以后发展缓慢，叶脉一般伴随新梢木质部变黑。至8月上旬叶片叶脉几乎全部变黑，10月上中旬可有90%以上枝条木质部变黑。

(3)防治方法

①加强综合管理，增强树体抗病性。增施有机肥料，改善土壤结构，提高土壤有机质含量，为根系提供良好的生态条件，增强树势。例如，春季结合刨树盘，株施有机肥75～150千克，尿素1千克，过磷酸钙2.5千克，施后浇水并覆土保墒。在花期喷布0.2%～0.3%硼砂液，可提高坐果率，增加植株的抗病性。合理修剪，剪去病枝，控制或疏除过多的徒长枝，有空间时可培养成结果枝组。

②严格检疫，严禁从疫区引进柿苗和接穗，疫区繁育苗木要从无病区或健树上采取接穗，防止蔓延。

③选择抗病品种，如磨盘柿比较抗病，而面棉柿最易感染。

④用四环素或青霉素等抗生素防治，在树干上打孔，用80万单位的青霉素株施6～10克，或25万单位的药液注射到树干中，具有一定的防治效果。

⑤除虫防病，对传病的媒介昆虫如柿斑叶蝉、斑衣蜡蝉等要及

时防治,以免扩大传播。

6. 柿白粉病

(1)症状识别　该病在河南及陕西柿产区发生普遍,往往引起早期少叶,树势削弱和降低产量。主要危害叶片,偶尔也危害新梢和果实,发病初期(5～6 月份)在叶面上出现密集的针尖大的小黑点形成的病斑,病斑直径 1～2 厘米,以后扩大可至全叶。与一般果树的白粉病特征不同,较难识别。秋后在叶背后出现白色粉状的菌丝及分生孢子,即典型的白色粉状斑。后期在白粉层中出现黄色小颗粒,即为子囊壳,并逐渐变为黑色。

(2)发生规律　病斑上白粉层是病菌的菌丝及分生孢子,黑色小粒点为病菌的闭囊壳(呈球形),内生有多个卵形的子囊,每个子囊有 2 个子囊孢子。病菌以闭囊壳在落叶上越冬。翌年 4 月份柿叶展开后,落叶上的子囊孢子成熟释放,经气孔侵入幼叶,然后再产生分生孢子,进行多次侵染。秋季在叶背产生闭囊壳。

(3)防治方法　冬季清扫落叶集中烧毁,消灭越冬病原。深翻田园可将病原物深埋。春季发芽前(芽萌动时),喷 1 次 5 波美度的石硫合剂,以杀死发芽孢子,预防侵染。花前花后再各喷 1 次 0.3～0.5 波美度的石硫合剂,也可喷洒 2%农抗 120 或 45%硫黄胶悬剂 200～300 倍液,或 15%粉锈宁可湿性粉剂 1 000～1 500 倍液,或 50%甲基托布津可湿性粉剂 800 倍液。

7. 柿叶枯病

(1)症状识别　主要危害叶,也可危害枝条和果实,发病重时叶片提早脱落。叶片病斑初期为近圆形或多角形、浓褐色斑点,后逐渐发展成为灰褐色或灰白色、边缘深褐色的大病斑,并有轮纹。后期叶片正面病斑上生出黑色小粒点,即为分生孢子盘。果实上病斑暗褐色,呈星状开裂,后期生有分生孢子盘。

(2)发生规律　病菌以分生孢子或菌丝在病组织内越冬,翌年 7 月份产生分生孢子,经风雨传播,从伤口或气孔侵入,可进行多次再侵染。8～9月份为盛发期。气候干旱、土壤干燥时发病较重。病菌发育的最适温度为28℃，在10℃以下、32℃以上时停止发育。

(3)防治方法　同柿角斑病和柿圆斑病。

8. 柿细菌性根瘤病

(1)症状识别　多发生在老果园，可危害多种果树，主要在根系上形成坚硬的木质瘤，直径1～4厘米。苗木受害后生长缓慢，植株矮小，叶片易卷起。成龄树受害后，树势衰弱，果实小，易受冻害。

(2)发生规律　病菌在癌瘤组织和土壤中越冬，靠雨水和灌溉在土壤中传播。地下害虫为害也能传病。远距离传播是靠带菌的苗木。土壤湿度高，有利于病菌活动和侵染，排水不良的果园发病多。碱性土壤有利于发病，pH 6.2～8适于病菌生存。

(3)防治方法

①苗木消毒：苗木出圃时，根部有病瘤的苗木应淘汰。其他苗木要进行消毒，将嫁接口以下的根部浸入1%硫酸铜药液中5分钟，然后再放入2%石灰水中浸1分钟。

②加强栽培管理：选无病土做苗圃，避免用老苗圃、老果园作为育苗地。采用芽接法，用75%酒精消毒嫁接工具，以减少染病机会。种植绿肥和增施有机肥料，改良土壤，碱性土壤应适当增施酸性肥或有机肥，以改变土壤pH，使之不利于病菌生长。耕作时避免伤根，及时防治地下害虫以免造成伤口，使病菌侵入。

③药剂防治：柿树发芽期用5%菌毒清水剂200倍液灌根，6月底至7月初再灌1次，每株灌50～80升药液。

④病瘤处理：对定植后树上长出的病瘤，切除后涂100倍硫酸铜溶液或“402抗菌剂”50倍液消毒，并用400单位链霉素涂切口后，再抹凡士林保护。

二、干果类果树虫害及防治

已知枣树害虫有103种,柿树害虫有170种,板栗害虫有258种,核桃害虫有179种,枣树害虫中桃小食心虫发生普遍,为害最为严重,发生规律也不同于苹果园。此外,枣黏虫、枣尺蠖、枣树龟蜡蚧也是普遍发生的害虫。柿树上为害严重的害虫有柿蒂虫、柿绒粉蚧、柿星尺蠖等。为害板栗最为严重的是栗实象甲。核桃举肢蛾是核桃的重要害虫。由于各地环境、气候、管理措施的差异,重点防治的对象也不尽相同,但由于干果类果树普遍树体高大,给病虫害防治带来了诸多不便。在制订防治措施时能够地面防治的尽量把害虫控制在上树以前。

(一)枣树虫害及防治

1. 食芽象甲

(1)为害状　以成虫咬食为害枣树嫩芽、幼叶,严重时可将嫩芽吃光,迫使枣树重新萌发出枣吊和枣叶,从而削弱树势,影响生长发育,严重降低枣果产量和品质。

(2)发生规律　每年发生1代,以幼虫在土壤中越冬。翌年4月上旬幼虫开始化蛹,中旬为化蛹盛期,成虫羽化后4～7天出土,4月下旬田间出现成虫,4月底至5月上旬为成虫盛发期。成虫在上午10时至下午4时气温较高时最活跃,在枝上来回爬行,取食嫩芽和叶片,将嫩芽咬断或食尽,造成2次发芽,展叶后仍能为害。成虫上树为害后,即交尾产卵,每雌一生可产卵100多粒。5月中下旬为产卵期,卵期12天左右,5月下旬至6月上旬为卵孵化盛期。幼虫孵化后落入土中,取食植物根部,9月份以后潜入土中30厘米左右处过冬。

(3)防治方法

①成虫出土上树前，在树干基部培一光滑土堆，撒3%辛硫磷粉剂毒杀出土成虫，每株树施用0.1～0.15千克，如虫口密度大、出土时间长，可相隔7～10天后，再施药1次。

②成虫上树时，利用其假死性于清晨或傍晚振树，以振落成虫，然后向地面喷洒3%辛硫磷粉剂，或2.5%溴氰菊酯粉剂，每株树下施药0.1千克。

③在成虫上树为害期，向树冠喷洒4.5%高效顺、反式氯氰菊酯乳油1 500倍液，或10%安绿宝乳油1 500～2 000倍液，或60%敌马合剂乳油1 500倍液＋害立平1 000倍液杀灭成虫。

2. 枣尺蠖

(1)为害状　枣树萌芽露绿时，初孵幼虫开始为害嫩芽，取食嫩叶，随着幼虫虫龄增大，食量也随之增加，严重的可将枣叶和花蕾全部吃光，造成枣树大量减产，甚至绝收。

(2)发生规律　每年发生1代，以蛹在树冠下土中越冬，以距主干1米内土中最多。翌年惊蛰后成虫开始羽化出土，3月中下旬为羽化盛期。成虫羽化后交尾产卵，每雌产卵可高达1 000多粒。4月中下旬至5月上旬为卵孵化盛期。幼虫孵化后上树为害。5月份是幼虫为害盛期，5月下旬幼虫老熟开始入土化蛹。

(3)防治方法　重点做好树下防治，对树上部分漏网幼虫，可采用树冠喷药。老熟幼虫食量大、为害重，且抗药性强，因此喷药防治应在低龄幼虫期(三龄前)进行。

①人工挖蛹：在秋季和早春(3月中旬以前)成虫羽化出土前，在树干基部1米范围内的土壤中人工挖出越冬蛹，集中消灭。

②阻止雌蛾上树产卵：惊蛰前，在树干基部光滑处绑一圈5厘米宽的塑料薄膜，下缘内折，接口处钉牢，塑料膜下不能有孔隙。然后在塑料带的下缘涂抹尺蠖灵药膏，每米带长涂药2～3克，涂药宽度为1厘米，不要涂在树皮上，可同时防治出土雌成虫和在树

下孵化的小幼虫。

③在绝大部分卵已孵化而绝大多数幼虫处在三龄前，向树冠喷洒4.5%高效顺、反式氯氰菊酯乳油1500倍液，或25%灭幼脲3号胶悬剂1500～2000倍液，或0.5%绿保威乳油1000～2000倍液，或苏云金杆菌500倍液+0.1%洗衣粉等。

3. 枣瘿蚊

(1)为害状　以幼虫吸食枣树嫩叶汁液，叶片受害后，由叶缘向叶面纵卷，呈筒状弯曲，颜色变紫红色，质硬而脆，严重时变黑枯萎。一卷叶内有数条至十几条白色幼虫，造成大量嫩叶不能展开，对生长开花极为不利。一般情况下，幼树及低矮枣树受害较重。

(2)发生规律　在北方各枣区1年发生5～7代，以老熟幼虫在树下距地面2～5厘米的浅土层内结薄茧越冬。翌年枣树萌芽期化蛹羽化。成虫产卵于未展开的嫩叶缝隙处。幼虫孵化后即在嫩叶上吸食汁液为害，4月下旬便出现卷叶。5月上旬为为害盛期，5月中下旬严重被害叶开始枯黄脱落。第一代幼虫6月初老熟脱叶入土做茧化蛹，以后各代不整齐。最后一代老熟幼虫于8月下旬开始入土做茧越冬。

(3)防治方法　重点防治越冬代和第一代。

①深翻土壤。秋末冬初或早春(成虫羽化前)，深翻枣园，把老熟幼虫和蛹翻到深层，阻止成虫正常羽化出土。

②在枣树萌芽期成虫羽化前或老熟幼虫脱落前，地面喷洒3%辛硫磷粉剂200倍液，喷后耙平，毒杀出土成虫和脱叶幼虫。在4月下旬至5月上中旬向树冠喷药1～2次。可选用10%吡虫啉可湿性粉剂1000～2000倍液，或2.5%敌杀死乳油3000倍液等。

4. 枣龟蜡蚧

(1)为害状　以若虫或成虫固着在枣叶上或1～2年生枝上吸食汁液，同时排出大量排泄物，密布全树枝叶，7～8月份雨季引起大量煤污菌寄生，使枝叶布满黑霉，影响光合作用和果实生长，造成树势衰弱，幼果大量脱落，产量下降。常年受害严重的枣树则枯梢累累，连年绝产。

(2)发生规律　1年发生1代，以受精雌成虫密集在1～2年生枝上越冬。翌年3～4月份雌成虫继续刺吸树体汁液为害。5月底至6月初发育成熟开始产卵，6月上中旬为产卵盛期，7月中旬为产卵末期。初孵若虫移至叶柄或叶面，也可借风传播，然后固着为害数小时后即开始分泌白色蜡质介壳。7月下旬至8月上旬，若虫开始性分化，9月份开始出现雌、雄两性虫，雄虫羽化后夜间静伏，白天活动寻找雌虫，常从叶片陆续转移到枝上，固定不动，11月份进入越冬期。

(3)防治方法　结合冬季修剪，剪除虫枝，并刮除枝条上的越冬雌成虫。

①树冠喷药：6月下旬至7月初若虫出壳盛末期，向树上喷洒40%毒死蜱乳油1500倍液，或50%马拉硫磷乳油1000倍液。7天后再喷1次，可控制为害。

②吊瓶输液：在1.2～1.5米高处选2个枝干将装有40%乐果乳油50倍液的药瓶(250毫升)固定，然后在树干上相应位置将老皮剥去一点，防止针头堵孔，再将输液器插入瓶中，待药液排净空气后，迅速把针头插入病树木质部与韧皮部之间。

③越冬防治：冬季或早春枣树萌芽前喷布15%～20%柴油乳剂，或3～5波美度石硫合剂，或松脂合剂8～10倍液，以杀灭枝条上的越冬雌虫。

5. 枣黏虫

(1)为害状　俗称黏叶虫、包叶虫、卷叶蛾。以幼虫为害枣芽、花、叶，并蛀食枣果。常将两片或数片叶子吐丝缀连在一起或将叶片正面纵卷，幼虫潜藏其中取食叶片，还可将叶片与果实连在一起，由果柄蛀入果内，取食果肉，造成枣果脱落，严重影响产量。

(2)发生规律　河南、河北、山东、陕西、山西1年发生3代，江苏4代,浙江5代,世代重叠。以蛹在枣树主干粗皮裂缝及树洞内结茧越冬。翌年3月中下旬越冬代成虫开始羽化,4月中下旬为羽化盛期。成虫多在白天潜伏,晚上活动,3天后交配产卵。第一代成虫卵散产于1~2年生光滑枝条上,其他2代成虫主要在叶片上产卵。成虫具有很强的趋光性和趋化性。第一代成虫高峰期在6月中旬,第二代在7月下旬。第一代幼虫在枣树发芽时,咬食未展叶的嫩芽和嫩叶,常转叶为害。第二代幼虫发生期,正值枣树开花,幼虫为害枣花,继之为害枣叶和幼果。第三代幼虫在果实膨大期,约8月上旬发生最多,除吐丝粘叶为害外,还将叶片粘在果实上,啃食果皮和钻入果内取食果肉,而将粪便排出。此代幼虫老熟后,于10月上旬全部爬回树干上化蛹越冬。

(3)防治方法 重点做好预测预报,主防第一代幼虫,兼防第二代幼虫。

①人工灭蛹:冬季或早春刮除树干粗皮,锯掉砍枝留下的破枝头,集中消灭越冬虫蛹。主干涂白,或堵塞树洞消灭越冬蛹。

②诱杀:8月下旬第三代老熟幼虫潜伏化蛹前,在枣树主干上部或主侧枝基部绑草,诱集老熟幼虫潜伏其中化蛹越冬,早春取下草束集中烧毁。利用枣黏虫的趋光性和趋化性,在枣园中用黑光灯、糖醋液诱杀成虫。

③做好预测预报,确定用药时期:成虫发生期,在枣园内距地面1.5米左右,用铁丝将口径20厘米的瓷碗悬挂于枣树侧枝上,碗内盛满加有少量洗衣粉(0.1%~0.2%)的水,碗口上挂人工合成的枣黏虫诱芯(有效含量为100微克/芯),诱芯距水面1~2厘米,测报期间要随时补充水量。逐日统计诱蛾量变化确定成虫发生高峰。越冬代蛾高峰过后15天喷药,第一代和第二代蛾高峰过后7天(5月中旬和6月下旬)喷药。可选用25%灭幼脲3号1 500~2 000倍液,或4.5%高效顺、反式氯氰菊酯乳油1 500~2 000倍液,或10%天王星乳油2 000~3 000倍液,或75%辛硫磷

乳油 2 000 倍液等。

④生物防治：在第二、第三代枣黏虫产卵期，每株枣树可释放人工繁殖的松毛虫赤眼蜂 3 000～5 000 头。若在枣黏虫产卵初期、初盛期和盛期以不同蜂量分别放蜂 1 次，防治效果更为理想。

6. 枣树红蜘蛛

(1)为害状　为害枣树的红蜘蛛主要有截形叶螨、朱砂叶螨和二斑叶螨，以若螨、成螨在叶背面吸食汁液为害，被害处失绿变黄，严重时使整个叶片枯黄，提早脱落。

(2)发生规律

①截形叶螨：以雌成螨在土壤缝隙中越冬，翌年春出土后先在其他寄主上为害繁殖。

②朱砂叶螨：北方 1 年发生 12～15 代，长江以南可达 18～20 代。以雌成螨在枯枝落叶活动，6℃～7℃时开始产卵繁殖。从开始产卵到第一代若螨孵化盛期需 20～30 天。世代重叠。气温升高，繁殖加快，日平均气温 23℃时完成 1 代需 13 天，30℃以上只需 6～7 天。在枣树上主要为害时期为 6～8 月份。

③二斑叶螨：每年发生 12～13 代，以雌成螨在树干皮下、粗皮缝内、杂草、落叶及土缝中越冬。2 月份日平均气温达到 5℃～6℃出蛰活动，3 月份日平均气温 6℃～7℃时开始产卵，卵期 10 多天。6 月份螨口密度增大，出现为害高峰，7～8 月份枣树出现大量被害叶。10 月上旬开始陆续出现越冬型雌成螨。

(3)防治方法

①人工防治：早春越冬雌成螨出蛰前，刮除树干上的老皮、粗皮，清除果园里的枯枝落叶和杂草，集中深埋或烧毁；春季及时中耕除草，翻刨树盘，消灭越冬雌成螨。

②药剂防治：在越冬雌成螨出蛰期(4 月中旬)，树上喷 5%硫悬浮剂 200 倍液或 1 波美度石硫合剂，消灭在树上活动的越冬雌成螨。5 月下旬至 6 月上旬(麦收前后)，当虫口密度每叶平均超

过0.5头时,及时喷布选择性杀螨剂,如30%蛾螨灵可湿性粉剂2000倍液,或5%尼索朗乳油2000倍液,或0.65%茼蒿素水剂450～700倍液,或50%灭蚜松可湿性粉剂1000～1500倍液。每年喷2～3次,注意不同类型的杀螨剂要交替使用。施药时注意保护利用天敌,如草蛉、食螨瓢虫。

7. 枣壁虱

(1)为害状　又名枣锈壁虱、枣叶锈螨。以成虫和若虫为害叶、花蕾、花、果实和绿色嫩枝。叶片受害初期无为害状,展叶后20天左右基部和主脉部分先呈现灰白色、发亮,40天后扩展至全叶,叶片加厚变脆,沿主脉向叶面卷曲合拢,降低光合作用,后期叶缘焦枯,容易脱落。花蕾受害后,逐渐变褐色并干枯脱落。

(2)发生规律　在河南、河北、山东1年发生3～4代,世代极不整齐。以成螨在枣股芽鳞缝隙中越冬。翌年春枣树萌芽后出蛰活动,刺吸嫩芽汁液。展叶后多群集于叶柄和叶脉两侧刺吸汁液为害,近叶柄处为多。5月下旬至6月中旬为害高峰期,每叶常有虫100头以上,多者达500～600头。5月中旬开始产卵,散产于叶片正面和嫩枝表面。7月中下旬以后,随气温升高,虫口密度显著降低,部分成螨开始钻入芽鳞缝隙越夏。9月中下旬,全部进入芽鳞越冬。5月中旬至7月中下旬,叶片等受害部位,能同时看到成螨、卵和若螨。成螨和若螨,每次遇中雨后虫口密度明显减少。

(3)防治方法

①越冬防治:枣树发芽前(芽体膨大时),喷布1次3～5波美度石硫合剂,要喷细致,呈淋洗状,以杀灭枣股上的越冬成虫或老龄若虫。

②生长季防治:枣树发芽后20天内(5月上中旬),正值此虫出蛰为害初期尚未产卵繁殖时,及时喷洒1次0.3～0.5波美度石硫合剂,或30%蛾螨灵可湿性粉剂2000倍液,或10%浏阳霉素乳油1500倍液,或1.8%阿维虫清乳油5000倍液等,15天后再喷1次。

8. 桃小食心虫

(1)为害状　以幼虫为害枣果，在果内绕核串食，虫粪留在果内，被害果容易脱落。第一代幼虫于7月份(青果期)开始蛀果，多从果实顶部蛀入，蛀孔处留一褐色小点，并稍凹陷皱缩，老熟幼虫多从此处蛀一圆孔脱出。第二代幼虫为害枣果多在8～9月份，枣果已接近成熟，在树上不易识别，采收时部分幼虫尚未脱出，蛀入孔一般是个小褐点，果形不变。核周围1～3毫米处果肉被食空，装满虫粪，即所谓“豆沙馅”。

(2)发生规律　1年发生2代，以老熟幼虫在树下土内结扁圆形黄豆粒大小的“冬茧”越冬。大部分在树冠下距树干1米之内的土壤中，在枣树根茎处最多。越冬茧在3厘米左右的土层中分布最多。翌年6月中旬开始陆续脱茧而出，7月上中旬为出土盛期一直可延续至8月上中旬。幼虫出土早晚与降水关系密切，一般雨后出现出土高峰。幼虫出土后在树干根际附近、砖石、土块下、草根旁等处结夏茧化蛹。蛹期13天左右。越冬代成虫于7月上旬开始出现，7月中下旬至8月上旬为羽化盛期。成虫羽化后2～3天开始产卵，卵多产于叶背面叶脉基部、果实梗洼或果皮伤痕处。幼虫孵化后在果面爬行寻找合适部位蛀孔，随后钻入果内，2～3天后蛀入孔流出珠状果胶，而后变干成白色蜡状物，随果实增长膨大变成褐色小点，周围稍凹陷，幼虫在果内蛀食20天后老熟，而后脱果、坠地，在树冠下隐蔽处或地表土内结夏茧。幼虫脱果期从8月中旬至9月中旬，一般8月中旬前脱果的幼虫可化蛹羽化、产卵，发生第二代幼虫。8月中下旬为第二代成虫羽化盛期，并大量产卵，蛀果为害，此期枣果开始着色变红，幼虫在果内蛀食为害直至采收。

(3)防治方法　参见苹果部分。

(二)核桃虫害及防治

1. 核桃举肢蛾

(1)为害状　此虫仅为害核桃。幼虫蛀入果实后蛀孔现水珠，初期透明，后变为琥珀色。幼虫在表皮内纵横穿食为害，虫道内充满虫粪，一个果内幼虫可达几头，多者30余头。被害处果皮发黑，并逐渐凹陷、皱缩，使整个果皮全部变黑，皱缩变成黑核桃，有的果实呈片状或条状黑斑。核桃仁(子叶)发育不良，表现干缩而黑，故又称为“核桃黑”。早期钻入硬壳内的部分幼虫可蛀种仁，有的蛀食果柄，破坏维管束组织，引起早期落果。有的被害果全部变黑干缩在枝条上。

(2)发生规律　在河南1年发生2代，以老熟幼虫在树冠下1～3厘米深的土内，石块与土壤间或树干基部皮缝内结茧越冬。翌年6月上旬至7月份化蛹，蛹期7天左右，6月下旬为化蛹盛期。6月下旬至7月上旬为羽化盛期。成虫昼伏夜出，白天多栖息在核桃下部叶片背面及地面草丛中，晚7时左右交尾和产卵。卵多散产在两果相接处，其次是萼洼，只有少数卵产在梗洼附近或叶柄上。幼虫孵化1～3小时后蛀入果实，不转果为害。第一代幼虫在表皮内蛀食后可钻入核壳和种仁中为害，7月中旬开始咬穿果皮脱果入土结茧越冬。第二代幼虫蛀果时核壳已经硬化，主要在青果皮内为害，8月上旬至9月上旬脱果结茧越冬。

一般深山区受害重，川边河谷地和浅山区受害轻；阴坡比阳坡受害重；沟里比沟外重；荒坡地比耕地受害重；5～6月份干旱的年份发生较轻，成虫羽化期多雨潮湿的年份发生严重。

(3)防治方法　冬、春季细致耕翻树盘，消灭土中越冬成虫或虫蛹。8月上旬人工摘除树上被害果并集中处理。在成虫羽化出土前，可用50％辛硫磷乳剂200～300倍液树下喷洒，然后浅锄或盖一薄层土。成虫产卵期，每隔10～15天向树上喷洒1次25％

西维因可湿性粉剂 500 倍液，或灭扫利乳剂 2 000 倍液，或速灭杀丁乳剂 200 倍液，或灭幼脲 3 号、桃小灵 2 000 倍液等。抓住盛期连喷 2 次。幼虫孵化盛期喷洒每毫升含 2 亿～4 亿个白僵菌液，或用“青虫菌”、“7216”、杀螟杆菌（每克 1 000 亿个孢子）1 000 倍液，防治幼虫为害。

2. 核桃根茎象

(1)为害状　主要分布于河南西部和陕西省商洛核桃产区，在云南省漾濞县也有发生。以幼虫在核桃根际皮层为害，根皮被环剥，削弱树势，重者整株死亡。常与芳香木蠹蛾混合发生。

(2)发生规律　在河南、陕西、四川等省 2 年发生 1 代。以幼虫在根皮处或以成虫在向阳杂草或表土层内越冬。在河南地区幼虫经过 2 个冬季，第三年的 5 月中下旬开始化蛹，6 月中旬为盛期，可延续至 8 月上旬。成虫自 6 月中旬开始羽化，7 月中旬为羽化盛期，成虫羽化后在蛹室内停留 10～15 天，然后咬破皮层，再停 2～3 天从羽化孔爬出，上树取食叶片、嫩枝，也可取食根部皮层补充营养。成虫爬行较快，飞翔力差，有假死性和弱趋光性。8 月上旬开始产卵，8 月中旬达高峰，10 月上旬开始越冬。翌年 5 月中旬又开始产卵，6 月中旬为产卵盛期，直至 8 月上旬产卵结束后，成虫逐渐死亡。卵多产于根际的裂缝和嫩根皮中，用碎木屑覆盖洞口，当年产的卵 8 月下旬开始孵化，幼虫孵化后蛀入皮层，90％的幼虫集中在表土下 5～30 厘米深的根部为害皮层，部分幼虫在表土上层沿皮层为害。幼虫钻蛀的虫道弯曲交错，充满黑褐色粪粒和木屑，严重时根皮被环剥。幼虫 11 月份后开始越冬。

(3)防治方法

①挖土晾墒：在春季把树干基部土壤挖开晾墒，降低根部湿度造成不利环境条件，使其幼虫死亡。

②灌尿毒杀：冬季可在树根部灌入人粪尿，杀虫率达 100％，灌人粪尿杀虫率达 56％，加少量石灰（每株 250 克），杀虫率达

67%。

③阻止成虫产卵：在成虫产卵前，挖开树干基部土层，用石灰泥浆封住根颈及主根，可阻止成虫产卵。

④药剂防治：春季幼虫开始为害时，挖开树干基部土壤，用斧头撬开根际老皮，用敌敌畏 5～10 倍液、杀螟松 10～50 倍液，或重喷根部，然后封土，可大量杀死根部幼虫。

⑤保护利用天敌：核桃根茎象幼虫可被寄生蝇寄生，蛹和幼虫可被小黄蚂蚁取食，成虫可被伯劳鸟取食，白僵菌对蛹的自然感染率也较高，对这些天敌应注意保护利用。

3. 核桃小吉丁虫

(1)为害状　分布于河南、山东、陕西、山西、甘肃、河北等地。仅为害核桃。以幼虫在枝干皮层中螺旋状蛀食，受害枝肿大，表皮变为黑褐色，在蛀道上和每隔一段距离有一新月形通气孔，并有少许黑褐色液体流出，干后呈白色，受害枝梢多数枯死，造成大量“回梢”，树冠逐年缩小。幼树受害后树势变弱，往往形成生长缓慢的“小老树”，严重时整株枯死。

(2)发生规律　在河南地区 1 年发生 1 代，以幼虫在被害枝干内做蛹室越冬。翌年 4 月中旬化蛹。5 月上旬成虫开始羽化，6 月上中旬为羽化盛期，羽化成虫在蛹室内停留 15 天左右，然后咬一直径 3 毫米左右的羽化孔外出，取食 10～15 天作补充营养后交尾产卵。卵散产于树势较弱的 2～3 年生枝条向阳面叶痕处，也可产在幼树干及成龄树的光滑皮上，通常不在新梢和绿枝上产卵。成虫有假死性，喜光。初孵幼虫即可蛀入皮层，7 月下旬至 8 月下旬是幼虫为害严重时期，8 月底开始在枝内筑虫室，10 月份开始在干枯枝中越冬。该虫阳坡重于阴坡，山脊重于山脚、平地和坡面。生长弱，枝叶少，透光好的树受害重，生长旺盛，树叶繁茂的树受害轻。

(3)防治方法

①加强栽培管理,加强土、肥、水管理,合理修剪,增强树势和抗虫力,是防治该虫的根本措施。消灭越冬蛹,于采收后到春季发芽后1个月期间,彻底剪除受害枝条,集中烧毁。成虫羽化产卵期(6月上旬至7月上旬),设立诱捕器诱集成虫产卵并及时销毁。保护利用天敌,幼虫期有2种寄生蜂,寄生率可达16%~56%,应注意保护利用。

②成虫发生期喷洒25%西维因可湿性粉剂500倍液,或80%敌敌畏乳油800倍液,或2.5%溴氰菊酯乳油4 000倍液,以毒杀成虫和卵。幼虫为害盛期,发现为害后出现的虫疤,可用2∶1煤油敌敌畏混合液涂于虫疤处,以毒杀幼虫。

4. 核桃缀叶螟

(1)为害状　全国各地均有分布。以幼虫卷叶取食为害,严重时将全树叶片吃光,影响树势和产量。寄主有核桃、木蓼等,初孵幼虫常几十头或百余头聚集拉丝结网,将叶片缠绕成团状,幼虫在丝团内啃食叶片正面叶肉,留下表皮和叶脉;幼虫逐渐长大后,常将几片复叶用丝黏合成较大的团状窝;老熟幼虫则分散为害,各自卷叶成筒状。

(2)发生规律　在河南每年发生1代。以老熟幼虫在根颈部及距树1米范围内10厘米深土中结茧越冬,翌年6月中旬至8月上旬越冬幼虫化蛹,6月底至7月中旬为化蛹盛期,6月下旬至8月上旬为成虫羽化期,羽化盛期在7月中旬。成虫在叶面上产卵,7月上旬到8月上中旬为幼虫孵化期,盛期在7月底至8月初。初孵化幼虫常数十条至数百条群居在叶面上吐丝结网,啃食叶肉,常将叶片卷成筒状,在其中为害,幼虫夜间取食,白天静伏于叶筒内,受害叶多在树冠外围。8月中旬以后,老熟幼虫入土结茧越冬。

(3)防治方法

①人工除虫:在秋季土壤结冻前和春季解冻后,在根颈附近的土中挖出虫茧,集中处理。在幼虫群居虫苞为害时,摘下虫苞集中烧毁。

②树冠喷药:7月中下旬幼虫为害初期,喷洒40%乐果乳油2000倍液,或25%西维因可湿性粉剂500~800倍液,或50%杀螟松乳剂1000~2000倍液。

③树干注药:在山区有条件者可用树干注射器向树体注射50%甲胺磷和40%氧化乐果乳油50倍液,防治效果好,不污染环境。

(三)板栗虫害及防治

1. 栗实象甲

(1)为害状　成虫取食嫩枝和幼果,栗蓬上咬一孔产卵其中,幼虫在果内为害,幼蓬受害后易脱落,后期幼虫为害种仁,果内有虫粪,幼虫脱果后种皮上留有圆孔,被害果易霉烂。

(2)发生规律　2年发生1代。以老熟幼虫在树冠下的土中越冬。夏季化蛹,蛹期约20天,8月间羽化为成虫,成虫羽化后先在土室内潜伏5~10天,而后钻出地面,成虫常在雨后1~3天大量出土。先到栗树上取食嫩枝补充营养,10余天后交尾产卵,产卵期在8月上旬,盛期在8月中下旬。幼虫孵化后即取食种仁,前期被害果常早脱落,幼虫脱果后入土做土室越冬,后期蛀入果实的幼虫采收期仍在果内,采收后在堆积场脱果入土做土室越冬。

(3)防治方法

①消灭越冬幼虫:冬季深翻树下土壤,破坏越冬环境以杀死幼虫。板栗采收要及时,栗园采摘要干净,防止幼虫在栗园中随脱果入土越冬;脱粒场所最好是水泥地,若为土地,可向地面喷施辛硫磷乳油500倍液,杀死入土幼虫。

②防治成虫:7～8 月份成虫发生期,树上喷施农药以杀死成虫。可喷 4.5%高效氯氰菊酯乳油 1 500 倍液,或利用成虫发生盛期的假死性,早晨振动树枝,将震落的成虫收集杀死。

③二硫化碳熏蒸:采收后将栗蓬堆积,用厚塑料布密封,温度在 20℃时,每立方米用 20 毫升二硫化碳,密封 20 小时或每立方米用溴甲烷 30 克,密封熏蒸 30 小时以杀死蓬内幼虫。

2. 剪枝象甲

(1)为害状　成虫产卵前,咬食果枝,造成幼栗苞大量落地,严重减产。

(2)发生规律　1 年 1 代,以老熟幼虫在土中越冬。成虫于 5 月下旬开始出土,6 月上中旬出土最多。成虫产卵前咬食果枝进行补充营养,果枝被咬断后倒悬。成虫在栗苞上产卵。幼虫孵化后钻入果实内为害,果实内充满虫粪。从 8 月份开始,老熟幼虫在栗实上咬一圆孔脱出,钻入土中越冬。9～10 月份脱果最多。

(3)防治方法

①越冬幼虫防治:秋、冬季节深翻栗园土壤,清除杂草,既有利于栗树生长发育,又有利于土内幼虫翻出,使其遭受旱、冻而死,减轻翌年为害。及时捡拾落地的虫苞,消灭虫卵和初孵的幼虫。

②防治成虫:在成虫发生期(6 月上中旬),每隔 10 天喷药 1 次,连续喷 2～3 次,可大量消灭成虫。可用 50%辛硫磷乳油 1 000 倍液,或 5%高效氯氰菊酯乳油 1 500 倍液。树下防治:每年于 5 月下旬用 5%辛硫磷颗粒剂或 50%辛硫磷乳油 1 000 倍液,撒施或喷施树下地面,施药后及时浅锄,将药剂充分混入土中,毒杀出土的成虫。

3. 栗叶瘿螨

(1)为害状　主要为害板栗,分布于我国河北、河南南部等栗产区。叶片被害后,在叶正面出现突起的锥形虫瘿。瘿体稍弯曲,愈近叶面愈细,基部收缩,似瓶颈,表面光滑,前期草绿色。瘿内壁褐色或土褐色,其上着生灰白色海绵状物,后期由黄绿色变为褐色,干枯不脱落。被害叶片上一般有几十个虫瘿,多则上百个不等。同一叶片上,愈靠近叶柄部,虫瘿分布愈密。

(2)发生规律　以雌成螨在栗树1～2年生枝条的芽鳞上越冬,春季栗树展叶期开始为害。瘿体初期很小,6～7月份瘿体最大,最长可达1.5厘米。从栗树展叶至9月份,不断有新虫瘿长出,螨在瘿内海绵组织内生活,1个瘿内有螨上百头。虫瘿后期干枯,螨从叶背孔口爬出越冬。

(3)防治方法　参考枣叶壁虱的防治方法。

4. 栗大蚜

(1)为害状　又名栗大黑蚜、栎大蚜。分布于江苏、浙江、四川、河北、河南、山东、辽宁等地,为害板栗、麻栎、柳等树种。以成虫、若虫群集于新梢、嫩枝及叶背面刺吸汁液为害,影响新梢生长和栗实发育。

(2)发生规律　1年发生多代,以卵在枝干背阴面越冬,常数百粒单层密集排列于一处,翌年4月上旬开始孵化为无翅雌蚜,群集为害枝梢,继续进行孤雌生殖,至5月间产生有翅胎生雌蚜,迁移至叶上,并群集于枝梢、花等处为害,至晚秋产生无翅卵生雌蚜及有翅雄蚜,交尾产卵,以卵越冬。

(3)防治方法　早春季节刮除树皮或刷除越冬卵,特别是树皮缝、翘皮下的越冬卵块。栗树展叶前在栗大蚜初发生时,喷洒50%敌敌畏乳油1 500～2 000倍液,或10%吡虫啉可湿性粉剂3 000～4 000倍液,或用25%蛾蚜灵可湿性粉剂1 500倍液防治,效果良好。

5. 板栗雪片象

(1)为害状　主要发生在深山区,为害板栗、茅栗等树种。板栗雪片象是河南、陕西发现的板栗蛀果害虫,在河南省南部新野县深山栗园,栗实被害率为23.5%～40%,严重时达80%以上。陕西镇安、柞水板栗产区，一般栗实受害率为20%～30%，严重时达70%。

(2)发生规律

(3)防治方法 消灭越冬害虫，8月下旬至9月上旬，人工捡拾栗苞，集中烧毁，减少越冬虫源。5月底至6月中旬成虫补充营养期，结合防治剪枝象鼻虫，可喷洒50%杀螟松乳油1 500倍液等。

(四)柿树虫害及防治

1. 柿长绵粉蚧

(1)为害状 分布于河南、河北、山东、江苏等地。是河南柿区的主要害虫之一。为害柿、苹果、梨、枇杷、无花果和桑等。若虫和成虫聚集在柿树嫩枝、幼叶和果实上吸食汁液为害。枝、叶被害后，失绿而枯焦变褐；果实受害部位初呈黄色，逐渐凹陷变黑，受害重的果实，最后变烘脱落。受害树轻则造成树体衰弱，落叶落果；重则引起枝梢枯死，甚至整株死亡，严重影响柿树产量和果实品质。

(2)发生规律 该虫1年发生4～6代，华北地区1年发生4代，江苏、浙江1年发生4～5代，广西1年发生5～6代。河南郑州每年发生1代，以三龄若虫在枝条上和树干皮缝中结大米粒状的白茧越冬。翌年春柿树萌芽时，越冬若虫开始出蛰，转移到嫩枝、幼叶上吸食汁液。三龄雄若虫蜕皮变成前蛹，再次蜕皮而进入蛹期；雌虫不断吸食发育，约在4月上旬变为成虫。雄成虫羽化交尾后死亡，雌成虫则继续取食，4月下旬开始爬到叶背面分泌白色绵状物，形成白色带状卵囊，产橙黄色卵于其中。卵期约20天。5月上旬开始孵化，中旬为孵化盛期。初孵若虫为黄色，数日后固着在叶背主侧脉附近及近叶柄处吸食为害。6月下旬第一次蜕皮，8月中旬第二次蜕皮，10月下旬发育为三龄，陆续转移到枝干的老皮和裂缝处群集结茧越冬。

(3)防治方法

①做好预测预报,抓住最佳防治时期。柿长绵粉蚧的最佳防治时期是卵孵化盛期,并且要狠抓越冬若虫的防治。结合冬剪,剪除虫枝;刮树皮后集中烧毁;直接擦刷虫体。

②若虫越冬量大时,可于初冬或柿树发芽前喷 1 次 5 波美度石硫合剂、95%机油乳剂、15%～20%柴油乳剂,或松脂合剂 8～10 倍液,消灭越冬若虫。在一龄若虫发生期,喷 25%噻嗪酮可湿性粉剂 1 000～1 500 倍液,防治效果即可达 99%以上,且无药害,对人、畜、天敌安全。也可喷 40%毒死蜱乳油 1 500 倍液防治。

③生物防治。柿长绵粉蚧的捕食性天敌如小二星瓢虫和草蛉等。寄生性天敌如寄生蜂等对该虫都有一定的自然控制能力。在天敌发生期,注意保护天敌,应尽量少用或不用广谱性杀虫剂。

2. 柿蒂虫

(1)为害状　分布于河北、山西、山东、河南、陕西、安徽、江苏等省柿产区。以幼虫为害柿果的害虫。幼虫在果实贴近柿蒂处为害,造成柿果早期发红、变软脱落,致使小果干枯,大果不能食用,造成严重减产。由此而称被害果为"柿烘"、"旦柿"、"黄脸柿"。该虫为害严重时常造成大幅度减产或失收。

(2)发生规律　该虫每年发生 2 代,以老熟幼虫在树皮裂缝或根颈附近土里结茧越冬。越冬幼虫于 4 月中下旬化蛹,5 月上旬成虫开始羽化,盛期在 5 月中旬。柿蒂虫的成虫白天停留在树叶背面或阴暗的地方,傍晚开始活动,以晚上 8～10 时最活跃,雌、雄虫交尾后,卵多产于果梗与蒂相连处,经 1 周左右孵化,5 月下旬第一代幼虫开始为害幼果。幼虫孵化后先吐丝将果柄蒂连同身体缠住,不让柿果落地,而后将果柄吃成环状,钻入果心,6 月下旬至 7 月上中旬幼虫老熟,一部分在果内,一部分在枝皮下结茧化蛹。第二代幼虫在 7 月中旬至柿果采收期陆续为害柿果,被害果由黄绿色变橘红色，变软脱落。8月下旬以后，老熟幼虫开始离果结茧越冬。

(3)防治方法

①刮树皮：冬、春季柿树发芽前，刮去枝干上老粗皮，集中烧毁，可以消灭越冬幼虫，并结合涂白或刷胶泥，以防止残存幼虫化蛹和羽化成虫。一次刮净后可以数年不刮，直至长出粗皮时再刮。

②摘虫果：此幼虫为害果期，中部地区第一代在6月中下旬，第二代在8月中下旬，每隔1周左右清理1次，连续3次，可收到良好的防治效果。摘时一定要将柿蒂一起摘下，以消灭留在柿蒂和果柄内的幼虫。如果第一代虫果摘得净，可减轻第二代为害。当年摘得彻底，可减轻翌年的虫口密度和为害。

③树干绑草环：8月中旬以前，即老熟幼虫进入树皮下越冬之前，在刮过粗皮的树干、主枝基部绑草环，可以诱集老熟幼虫，冬季解下烧毁。

④黑光灯诱杀成虫：在2代成虫羽化盛期，用黑光灯诱杀成虫效果好。同时可利用黑光灯测报柿蒂虫的发生期，并在成虫高峰日出现后第六天进行化学药剂防治。

⑤药剂防治：5月中旬和7月中旬(2代成虫盛期)，树上喷药1～2次，药剂可选用灭幼脲3号3 000倍液，或90%晶体敌百虫，或50%敌敌畏，或50%杀螟松、50%辛硫磷乳油1 000倍液，或40%西维因胶悬剂800倍液，或20%氰戊菊酯乳油，或2.5%溴氰菊酯乳油5 000倍液，或50%马拉硫磷乳油1 500倍液，注意将药喷到果柄、果蒂上，才能收到良好的防治效果。

三、枣树病虫害防治措施

表 4 枣树病虫害治理模式

物候期	监测防治对象	防治措施*	说明
休眠期	枣尺蠖上年严重处	惊蛰前树干绑塑膜带,惊蛰后1周涂尺蠖灵药膏	
	枣黏虫	刮树皮,集中烧毁	
	枣龟蜡蚧、枯死枝	结合修剪去除病虫枝	
萌芽期	枣芽象甲	树盘撒3%辛硫磷粉	
	红蜘蛛	全树喷5波美度石硫合剂	
	天牛	毒签堵洞或昆虫病原线虫灌天牛蛀道	
	枣龟蜡蚧严重时	95%机油乳剂50倍液,25%噻嗪酮1500倍液	
展叶期至初花期	枣黏虫	25%灭幼脲2000倍液	
	枣芽象甲	50%辛硫磷1200倍液,40%毒死蜱1500倍液	
	枣尺蠖	20%杀灭菊酯4000倍液	
盛花期	提高坐果率	0.3%硼砂、20毫克/升赤霉素	
	锈壁虱,红蜘蛛	20%螨死净2500倍液	
盛花后期	锈壁虱,红蜘蛛	15%哒螨灵2500倍液,或40%硫悬浮剂300倍液	

续表 4

物候期	监测防治对象	防治措施*	说　明
坐果后	枣龟蜡蚧	95%机油乳剂 100 倍液，25%噻嗪酮 1500 倍液，40%毒死蜱 1500 倍液	降雨后喷内吸性药，无雨喷大生
	枣瘿蚊	10%吡虫啉 3000 倍液	
	缩果病	50%多菌灵 600 倍液，或 70%甲基托布津 800 倍液，或 80%大生 800 倍液	
膨果期	桃小食心虫诱捕监测	2.5%功夫 3000 倍液，或 20%杀灭菊酯 2500 倍液	单喷波尔多液，防虫改用多菌灵液
	缩果病、锈病	波尔多液	
硬核期	桃小食心虫诱捕监测缩果病、锈病	4.5%高效氯氰菊酯乳油 1500 倍液等菊酯类，波尔多液(1∶3∶200)，70%甲基托布津 800 倍液	晴天喷波尔多液
果实近熟期	缩果病、锈病	12%绿乳铜 600 倍液或 14%络氨铜 300 倍液，1～2 次	根据降雨多少喷药增减
果实成熟期	缩果病、炭疽病、锈病	50%多菌灵 600 倍液，70%代森锰锌 800 倍液	
落叶后	腐烂病	刮治病斑涂药，树干涂白防冻杀菌	

*：应根据果园具体情况，结合病虫测报调整用药时期和品种

思考题

1. 怎样识别枣疯病、缩果病和枣锈病？
2. 枣尺蠖的发生特点是什么？如何进行防治？

3. 枣黏虫的发生规律是什么？如何进行防治？

4. 防治枣树龟蜡蚧有几种方法？

5. 核桃炭疽病的症状如何？发生规律及防治方法有哪些？

6. 如何识别核桃举肢蛾的为害？发生特点是什么？应如何进行综合防治？

7. 如何识别柿蒂虫为害？如何防治？